Frank Sichla

Blitz- und Überspannungsschutz

für Antennen, Geräte und Anlagen

D1721048

Blitz- und Überspannungsschutz

für Antennen, Geräte und Anlagen

Frank Sichla

Verlag für Technik und Handwerk
Baden-Baden

vth Fachbuch
funk-technik-berater
Best.-Nr.: 411 0105

Redaktion: Michael Büge

Bibliografische Information der Deutschen Bibliothek
Die Deutsche Bibliothek verzeichnet diese Publikation in der Deutschen
Nationalbibliografie; detaillierte bibliografische Daten sind im Internet
über http://dnb.ddb.de abrufbar.

2. Auflage 2006 by Verlag für Technik und Handwerk
Postfach 22 74, 76492 Baden-Baden

Printed in Germany
Druck: WAZ-Druck, Duisburg

4

Inhaltsverzeichnis

Vorwort

Der Blitz ist ein immer wieder beeindrukkendes Naturphänomen, das Menschen und Tieren Angst einflößt. Dazu trägt jedoch vor allem der bedrohlich wirkende Donner bei, eventuell auch Sturm. Die Lichterscheinung erschreckt weniger – und birgt doch die eigentliche Gefahr.

Früher als Ausdruck des Zorns der Götter interpretiert, sind Blitz und Donner heute aufs Genauste erforscht und als Entladungserscheinungen der statischen Elektrizität von Wolken gegen die Erde sowie als für die Erdenbewohner ungefährlicher Ausgleich zwischen Wolken erkannt.

Es war Benjamin Franklin, der 1752 bei Philadelphia einen Drachen in eine Gewitterzone steigen ließ und erstmals den Blitz als gewaltige elektrische Entladung definierte. Es dauerte nicht lange, da hatte er den Blitzableiter erfunden. Dieser ebenso einfache wie wirkungsvolle Schutz verbreitete sich schnell auf der ganzen Welt und wird den Menschen auch in Zukunft die Angst vor Blitz und Donner nehmen, denn er ist konkurrenzlos genial.

Allerdings ist Franklins Idee besonders in der letzten Zeit perfektioniert worden. So spricht man von einem äußeren und einem inneren Blitzschutz. Und neben dem eigentlichen Blitzschutz hat der Überspannungsschutz mehr und mehr an Bedeutung gewonnen.

Fest steht: *Optimaler Blitzschutz ist keine Sache einzelner Bauteile oder Einzelschutzmaßnahmen, sondern ein Effekt des sinnvollen Zusammenwirkens aller Schutzeinrichtungen.*

Moderner Blitz- und Überspannungsschutz beginnt schon beim Bau eines Gebäudes. Die Kosten dafür betragen ungefähr ein Prozent der gesamten Bausumme. Dagegen wird eine nachträgliche Ausstattung (insbesondere wegen der nun schwieriger zu erstellenden Erdungsanlage) etwas teurer, ist aber nach wie vor lohnend.

Während es bei einem selbstgenutzten Einfamilien- oder Reihenhaus oder einer Doppelhaushälfte dem Besitzer freigestellt ist, einen Blitzableiter aufs Dach zu setzen oder nicht, wird ein Vermieter meist für Blitzschutz sorgen, schließlich trägt er die volle Verantwortung.

Eine Versicherung gegen Blitzeinwirkungen *setzt in aller Regel einen fachgerechten, also von einer Fachfirma installierten und möglicherweise regelmäßig zu überprüfenden Blitzschutz voraus.* Wer diesbezüglich im Zweifel ist, sollte einmal in seinen Gebäudeversicherungsvertrag schauen und eventuell Rücksprache mit der Versicherung nehmen. Sonst könnte es nämlich vorkommen, dass diese im Schadensfall nicht zahlt. Eine Versicherung gegen Überspannung ist eine separate Leistung und wird als solche von vielen Versicherungsunternehmen angeboten.

Dieses Buch beschreibt dem Praktiker die Ausführung von Blitz- und Überspannungsschutz Schritt für Schritt und nach neusten Vorschriften. Man erfährt zunächst etwas über Blitz- und Überspannungsschutz allgemein und steigt dann anhand der aktuellsten Vorschriften aufbauend in die Praxis ein mit folgenden Wegpunkten:

– allgemeiner Gebäudeblitzschutz
– Blitzschutz von Empfangsantennen
– Blitzschutz von Sende-/Empfangsantennen
– Überspannungsschutz von Geräten
– Überspannungsschutz von Anlagen

Die zweite Auflage wurde in allen wesentlichen Fragen aktualisiert sowie etwas erweitert. Ein aktuelleres Buch gibt es derzeit nicht. Es eignet sich für Auszubildende, Fachleute mit Wissenslücken und Privatpersonen, die eine Satellitenanlage installieren wollen oder Funk als Hobby betreiben (DXer, BCer, SWLs, CB-Funker, Funkamateure) gleichermaßen.

Der Autor wünscht ihnen allen eine aufschlussreiche Lektüre und eine erfolgreiche Umsetzung der Vorschriften, Empfehlungen und Hinweise in die Praxis.

Ing. Frank Sichla

Allgemeines

Mehr von Blitz und Donner

Als Blitz bezeichnet man eine sichtbare elektrische Entladung in der Atmosphäre. Diese kann zwischen zwei Wolken (**Wolkenblitz**) oder zwischen einer Wolke und Erde (**Erdblitz**) stattfinden. Bei Erdblitzen unterscheidet man noch zwischen Abwärts- und Aufwärtsblitz. Erster geht von der Wolke aus, zweiter von sehr hoch liegenden bzw. ragenden Objekten, wie Fernsehtürmen.

Bei einer Blitzentladung entstehen Spannungen bis zu einem Givavolt und Ströme von mehreren zehn Kiloampere. Wenn man nur 100 MV und 10 kA ansetzt, kommt man auf eine gigantische Leistung von 1.000 GW (Gigawatt). Das entspricht der Leistung, die Zehnmilliarden 100-W-Glühlampen aufnehmen würden. Eindrucksvoller wird diese Angabe, wenn man sich vorstellt, dass jeder der 6,3 Mrd. Erdenbürger mit einer 150-W-Lampe ausgestattet werden könnte, die dann hell leuchten würde.

Zum Glück kann ein Blitz seine phänomenale Leistung nur äußerst kurzzeitig entfalten: Obwohl ein **Blitzkanal**, also der durch ionisierende Luftmoleküle leitend gewordene Entladungsweg, mehrere 100 m lang sein kann, benötigt der Ladungsausgleich nur wenige Zehntausendstel oder gar Hunderttausendstel Sekunden, liegt also im Mikrosekundenbereich. Deshalb beträgt die von einem Blitz geleistete Arbeit (Leistung pro Zeiteinheit) selten mehr als einige zehn Kilowattstunden!

Das ist nicht mehr als der Energieverbrauch einer nur für wenige Tage angeknipsten 100-W-Glühlampe.

Die Tatsache, dass Gewitter örtlich nur selten auftreten, täuscht darüber hinweg, dass in der Atmosphäre ständig Entladungen stattfinden: Täglich sind es etwa 25 Millionen, von denen ungefähr zwei Millionen irgendwo auf der Erde einschlagen.

Über Deutschland werden im Mittel über 750.000 Blitze pro Jahr registriert. Interessant ist die jahreszeitliche und örtliche Verteilung: In Juli und August kommt es etwa fünfmal häufiger zum Gewitter als im Winter. Außerdem nimmt die Zahl der Gewittertage und der Blitzeinschläge pro Flächeneinheit zum Süden hin zu. All diese Fakten sind leicht über die Luftfeuchtigkeit zu erklären.

Ein ganz besonderes Phänomen ist der **Kugelblitz**, der lange Zeit als Geistererscheinung gedeutet oder abgeleugnet wurde. Heute ist man sich einig, dass diese seltsame Blitzerscheinung – eine leuchtende, langsam dahinschwebende Kugel mit 5 bis 50 cm Durchmesser – tatsächlich existiert, auch wenn man sich nur mit einigen Erklärungsversuchen zufrieden geben muss.

Doch wie kommt es denn nun zum Donner? Nun, durch Blitzentladungen werden die Luftmoleküle plötzlich auseinandergetrieben. Sie schwingen daher mit relativ gewaltiger Anfangsamplitude; die Schwingung ist jedoch sehr stark gedämpft. Sie ist als grollendes

Geräusch mehr oder weniger deutlich und aufgrund des erheblichen Unterschieds zwischen Licht- und Schallgeschwindigkeit je nach Entfernung zur Einschlagstelle zeitlich verzögert zu vernehmen – es donnert.

Faustformel: *Die Anzahl der Sekunden der Verzögerung durch Drei geteilt, ergibt die Entfernung in Kilometern.*

Blitzgefahr konkret

Die eigentliche Gefahr geht von der durch den hohen Blitzstrom erzeugten extrem hohen Temperatur um 30.000 °C aus. Leicht entzündliche Stoffe können dadurch augenblicklich in Brand geraten. Daneben können feuchte Wände, Balken oder Bäume infolge der schlagartigen Wasserdampfbildung explodieren.

„Darüber hinaus kommt es bei Blitzeinschlägen mitunter zu empfindlichen Störungen der Energieversorgung, Nachrichtenübertragung und vor allem der hochsensiblen elektronischen Systeme, die inzwischen in nahezu allen Bereichen der modernen Industriegesellschaft Einzug gehalten haben." [1]

Ein besonders spektakuläres Beispiel bot vor Jahren der Frankfurter Flughafen: Ein Blitz schlug in den Tower ein mit der Folge, dass für Stunden das gesamte Flugleitsystem ausfiel. Denn Blitzschutz gab es damals nur für das Gebäude, jedoch nicht für die darin installierten Rechner und andere empfindliche elektronische Geräte.

„Ebenso sind Menschen und Nutztiere bei einem Blitzeinschlag gefährdet, z. B. durch Brand- und/oder mechanische Verletzungen oder gar durch eine direkte Blitzeinwirkung." [1]

Ein allgemein verbreiteter Irrtum besteht in der Ansicht, die Blitzwahrscheinlichkeit würde durch die Ausstattung eines Gebäudes mit leitenden Strukturen, wie Fangstangen oder Antennen, beeinflusst werden. Dieser Irrtum äußert sich in folgender Behauptung zwischen Funkamateuren und ähnlichen Hinweisen: „Der Blitzeinschlag erfolgt umso häufiger, je höher eine Antenne bezogen auf das Nachbargelände ist. Wenn deine Antenne also das höchste Gebilde in deiner Nachbarschaft ist, wird sie die Blitze nur so an sich ziehen, so dass die Gefahr eines Einschlags groß ist ... Wenn deine Antenne dagegen viel niedriger als alles ringsherum ist, dann ist die Gefahr eines direkten Einschlags längst nicht mehr so groß ..." Eine amerikanische Firma versteht es sogar, diese irrige Auffassung geschickt in der Werbung für ihre Blitzschutz-Produkte zu nutzen. Tatsache ist jedoch, dass ein Zusammenhang zwischen der äußeren Ausgestaltung eines Gebäudes mit leitfähigen Strukturen kleinen Volumens, wie Antennen oder Leitungen, bislang nicht fundiert nachgewiesen wurde. *Nach dem heutigen gut gesicherten Erkenntnisstand wird aber die Blitzeinschlags-Wahrscheinlichkeit lediglich durch die (grobe) Struktur der Bebauung bestimmt.* Selbstverständlich wird jedoch ein von einem Gebäude angezogener Blitz dann dort in die empfindlichste Stelle einschlagen. Ist ein Blitzableiter vorhanden, wird dieser das sein. Ohne Blitzschutz erfolgt der Einschlag dann beispielsweise in die Antennenanlage oder den Schornstein.

Direkt-, Nah- und Ferneinschlag

Nach der Entfernung zwischen Einschlagstelle und Auswirkungs- bzw. Schadensort unterscheidet man zwischen
– Direkteinschlag,
– Naheinschlag und
– Ferneinschlag.
Bei einem Direkteinschlag trifft der Blitz eine bauliche Anlage. Die möglichen Folgen sind allgemein bekannt.

Bei einem Naheinschlag schlägt der Blitz in unmittelbarer Nähe in eine Leitung (elektrische Leitung oder Rohr) ein, die zum Ort der Auswirkung führt. Ist eine elektrische Leitung betroffen, kommt es auf dieser unmittelbar zu einer Überspannung. Beim Einschlag in die Wasser- oder Gasleitung kann ebenfalls eine Überspannung durch Induktion oder Potentialanhebung auftreten. Aber nicht nur das: „Eine Gefährdung besteht auch durch die **indirekte Wirkung** eines nahen Blitzeinschlags. Der Blitzstrom breitet sich an der Einschlagstelle nach allen Richtungen im Erdboden aus, so dass gefährlich hohe Schrittspannungen zwischen den Füßen eines Menschen oder den Hufen bzw. Klauen eines Nutztiers auftreten können." [1]

Wenn der Blitz sich jedoch eine elektrische Freileitung in der weiteren Umgebung des von Überspannung betroffenen Hausnetzes aussucht, dann spricht man von einem Ferneinschlag. Als Ferneinschlag gilt jedoch auch eine Blitzentladung innerhalb einer Wolke, wenn sie – etwa im darunter liegenden Haus – eine Überspannung hervorruft. Also auch hier wieder eine indirekte Wirkung.

Als besonders problematische indirekte Wirkungen sind heute die durch den Blitz hervorgerufenen Überspannungen im Energienetz anzusehen.

Überspannungen – die heimliche Gefahr

Als Überspannung bezeichnet man eine meist nur kurzzeitig auftretende Spannungserhöhung über den höchstzulässigen Wert hinaus. Dieser Wert beträgt bei unserem Stromnetz 253 V entsprechend 230 V **Nennwert** (**Nominalwert**) +/-10 % Toleranz.

Man unterscheidet nach dem Ort der Ursache zwischen **innerer** und **äußerer Überspannung**.

Im ersten Fall können Fehler oder Fehlschaltungen im Netz, wie leerlaufende Leitungen, die Ursache sein, weiterhin kennt man sogenannte transiente Überspannungen, die durch Schaltvorgänge entstehen (daher auch der Name Schaltüberspannung), und schließlich gibt es die absichtlich erzeugten Funktionsüberspannungen.

Statistische Untersuchungen zeigen, dass innere Überspannungen nur sehr selten auftreten, weswegen ein spezieller Schutz nicht

gefordert wird. Im zweiten Fall unterscheidet man zwischen Blitzüberspannungen und atmosphärischen Überspannungen. Dabei kann die Spannung innerhalb weniger Mikrosekunden auf mehrere Megavolt hochschnellen – für die extrem kurze Zeit der Entladung.

Die Überspannung infolge Blitzeinschlags in der Nachbarschaft (Naheinschlag), aber auch in die Freileitung (Ferneinschlag) ist eine allgemein eher unterschätzte Gefahr. Man kann sich speziell dagegen versichern.

Jedoch ist nur eine blitzstromtragfähige **Überspannungsschutz-Einrichtung** mit Sicherheit in der Lage, diese extremen Spannungswerte abzuwehren. Die diversen Überspannungsschutzprodukte, welche dem Privatmann in Baumärkten, Elektronik-Fachmärken und von Versandhäusern angeboten werden, bieten diese Sicherheit *nicht*! Darüber besteht leider weitgehend Unkenntnis. Von den Produzenten und dem Handel ist natürlich aus verständlichen Gründen keine Aufklärung darüber zu erwarten. Dennoch sind diese Produkte nützlich und sinnvoll, denn sie bieten in der Regel dann Schutz, wenn der Blitz in mindestens 100 m eingeschlagen hat, die Überspannung also nicht extrem hoch ist.

Fakt bleibt: *Im Gegensatz zu den Schäden durch direkten Einschlag sind die Schäden durch Überspannung noch im Ansteigen begriffen und stellen mit etwa einem Viertel aller Schadensmeldungen die größte Schadensgruppe bei den Versicherungen dar.*

Besonders hohe Gefahr besteht im Entfernungsbereich von 100 m zum Ort des direkten Einschlags, wo die üblichen Schutzeinrichtungen in Steckdosennähe meist überfordert sind.

Kennzeichnung der Normen

Sicherheitsvorschriften werden parallel als DIN-Norm und VDE-Vorschrift veröffentlicht. Deswegen gibt es eine recht lange, zunächst etwas befremdlich anmutende vollständige Bezeichnungsweise mit DIN-Nummer und VDE-Vorschrift.

Generell ist zu empfehlen, dass die Normen anhand der VDE-Klassifikation zitiert werden. Die vollständige Bezeichnung kann dann in einem separaten Normenverzeichnis erfolgen. Eine gute Übersicht von DIN-Nummer und VDE-Klassifikation gibt die Homepage des VDE-Verlags www.vde-verlag.de.

Die nachfolgende vollständige Bezeichnung der für den Blitzschutzteil dieses Buchs besonders relevanten Normen demonstriert die Unübersichtlichkeit. Daher werden in diesem Buch die Normen nur mit den fett hervorgehobenen Teilen genannt.

• DIN EN 62305-1 bis 4
(**VDE 0185** Teil 1 bis 4)
Diese Norm liegt seit August bzw. September (Teil 3) 2004 als Entwurf vor.
Teil 1: Blitzschutz, allgemeine Grundsätze
Teil 2: Blitzschutz, Risiko-Management
Teil 3: Blitzschutz, Schutz von baulichen Anlagen und Personen, hierzu Anlage A1 vom Januar 2006
Teil 4: Blitzschutz, elektrische und elektronische Systeme in baulichen Anlagen

• DIN EN 50164-1 bis 3
(**VDE 0185** Teil 201 bis 203)
Diese Norm ist seit April 2000 (Teil 1), April 2003 (Teil 3) bzw. Mai 2003 (Teil 2) gültig.
Man beachte die unterschiedliche Nummerierung der Teile (EN: 1 bis 3, VDE: 201 bis 203) und dass die Bezeichnung VDE 0185 in diesem Buch für zwei Themengebiete verwendet wird, nämlich neben dem obigen „Blitzschutz" hier auch für „Blitzschutzbauteile".
Teil 1: Blitzschutzbauteile, Anforderungen für Verbindungsbauteile
Teil 2: Blitzschutzbauteile, Anforderungen an Leitungen und Erder
Teil 3: Blitzschutzbauteile, Anforderungen an Trennfunkenstrecken

• DIN EN 60728-11 (**VDE 0855 Teil 1**)
Auch hier bitte die unterschiedliche Nummerierung des Teils (EN: 11, VDE: 1) beachten.
Teil 1: Kabelnetze für Fernsehsignale, Tonsignale und interaktive Dienste, Sicherheitsanforderungen
Diese Norm betrifft u. a. den Schutz von Empfangsantennen.

EN steht für Europäische Norm. Die Abkürzung DIN wird vorangestellt, da auch der Status einer deutschen Norm besteht.

• DIN VDE 0855-300 (**VDE 0855 Teil 300**)
Während wir in diesem Buch unter VDE 0185 zwei Themenkomplexe zusammenfassen, da sie im Wesentlichen den Gebäudeblitzschutz betreffen und allgemeingültig sind, wollen wir bei VDE 0855 konsequent der Teilung folgen, um den Blitzschutz für reine Empfangsanlagen (Teil 1) und Sender oder Transceiver sauber auseinander zu halten.
Teil 300: Funksende-/-empfangssysteme für Senderausgangsleistungen bis 1 kW, Sicherheitsanforderungen
Diese seit Juni 2002 gültige Norm betrifft u. a. den Schutz von Sende- und Empfangsantennen.

Das VDE-Vorschriftenwerk ist thematisch gegliedert. Das Normenwerk wird fortlaufend durchnummeriert. So erschien die Neuausgabe der VDE 0855 Teil 1 im Jahr 2005 als DIN EN 60728-11 (VDE 0855 Teil 1). Das bedeutet: Für den Handwerker, der sich an der VDE-Vorschrift orientiert, ändert sich in der Bezeichnung nichts. Die Nummernänderung ergibt sich durch den Transfer der europäischen Normungsarbeit EN 50083-1 zur IEC 60728-11.

(Im Zuge der Vereinheitlichung der Normnummern von ISO/IEC hat man ab einem gewissen Zeitpunkt einfach 60.000 dazu gezählt. Man sollte IEC-Normen grundsätzlich mit der 60.000er-Nummer zitieren.)

Die Institutionen hinter den Vorschriften

Man darf Normen nicht mit Gesetzen verwechseln. Daher hat der Staat wie auch die EU mit der Normung fast nichts zu tun. Bei der Normung agiert ein freiwilliger Zusammenschluss von teils ehrenamtlichen Experten aus Industrie, Handwerk, Behörden und anderen interessierten Kreisen auf privatwirtschaftlicher Basis.

Ziel der Normungsaktivitäten im europäischen Rahmen ist es, die nationalen Vorschriften zu ersetzen durch Vorschriften, die weltweit gelten und parallel als europäischen Normen übernommen werden. Doch ist die Zusammenführung bei der **IEC** teilweise schwieriger als ursprünglich angenommen. So ist auch im Jahr 2006 das Ende des Umstellungsprozesses noch nicht abzusehen. Um keine Lücken entstehen zu lassen, wurden die in der Zwischenzeit von den deutschen Fachleuten anerkannten Erkenntnisse als Vornormen VDE 0185 herausgegeben.

IEC steht für International Electrical Commission; hier werden in diversen technischen Komitees Standards für den Bereich der Elektrotechnik erarbeitet. **Standard** ist zumindest im Deutschen ein dehnbarer Begriff, während eine **Norm** ein im Konsens erstelltes, weitaus verbindlicheres Dokument ist. Was die IEC Standards (eine englische Bezeichnung!) betrifft, so handelt es sich jedoch um ordnungsgemäß zustande gekommene Normen.

Zu den hier speziell interessierenden Fakten: Die **DKE** (Deutsche Kommission Elektrotechnik Elektronik Informationstechnik im **DIN** und **VDE**) hat im Oktober 2002 alle bis dahin veröffentlichten Normen, Vornormen und Entwürfe zum Blitzschutz zurückgezogen. DIN steht für Deutsches Institut für Normung, VDE für Verband der deutschen Elektrotechnik Elektronik Informationstechnik e. V. Die DKE mit ihren rund 4.000 Mitarbeitern (s. http://dke.de/wir/normung) ist im DIN einer neben vielen Normenausschüssen. Jeder Normenausschuss betreut im umfangreichen Normenwerk ein Themengebiet. Die DKE ist im DIN zuständig für alle elektrotechnischen Belange und die hierzu gehörende internationale Vertretung der deutschen Interessen. Der VDE ist (insbeson-dere finanzieller) Träger der DKE. Der Vollständigkeit halber sei auch noch dessen Ausschuss für Blitzschutz und Blitzforschung (**ABB**) erwähnt. Der ABB ist keine Normungsinstitution, sondern „nur" der älteste VDE-Ausschuss, zuständig für Blitzschutz und Blitzforschung. Salopp ausgedrückt könnte man ihn auch als Forschungsabteilung für die Blitzschutz-Normung sehen. In ihm sind führende Fachleute und Wissenschaftler vereint, die sich für eine technische Weiterentwicklung auf diesem Fachgebiet engagieren.

Die Blitzschutznormen

VDE 0185

Mit Wirkung ab 1. November 2002 wurden neue Vornormen VDE 0185 Teil 1 bis 4 veröffentlicht und als verbindlich erklärt. Ihre Inhalte galten für nach neuesten Kenntnissen der Technik erstellte Blitzschutzsysteme und waren zur Freude der Praktiker nur noch in vier Teile gegliedert.

Ab 1. August 2004 stehen Teil 1, 2 und 4 sowie ab 1. September 2004 Teil 3 jeweils als Entwurf zur Verfügung. Hier geht es um den allgemeinen Gebäudeblitzschutz, der ja, falls vorhanden, auch die Grundlage für den Blitzschutz von Antennen ist. Weiterhin sind die Teile 201 (gültig ab 1. April 2000), 202 (gültig ab 1. Mai 2003) und 203 (gültig ab 1. April 2003) für uns relevant. Sie beschäftigen sich mit den Anforderungen an die Blitzschutzbauteile, wie Verbindungselemente, Erder und Trennfunkenstrecken.

Diese Norm ist also die Basis für den allgemeinen Gebäudeblitzschutz. Viele Teile berücksichtigen aber auch den notwendigen systemorientierten Blitz- und Überspannungsschutz im Kommunikationsbereich. Dessen stürmische Entwicklung in den letzten Jahren gab wohl den berechtigten Ausschlag für die radikale Umstellung. Normungsbemühungen auf europäischer und internationaler Ebene fanden dabei wenigstens Berücksichtigung. Im Anhang findet man einen Überblick der Inhalte.

VDE 0855 Teil 1

Hinweise zum Blitzschutz von Empfangsantennen gibt diese Norm, obwohl sie den Titel „Kabelnetze für Fernsehsignale, Tonsignale und interaktive Dienste: Sicherheitsanforderungen" trägt. Sie gilt seit 1. Oktober 2005. Abschnitt 11.1 weist auf die Erfassung auch von Antennen hin: „Diese Schutzvorschriften sind für den Schutz von Antennenanlagen einschließlich Satellitenantennen gegen statische atmosphärische Überspannungen und Blitzentladungen bestimmt, soweit dazu keine örtlichen Vorschriften bestehen."

Übrigens: Inzwischen wurde generell die Herausgabe einzelner Änderungen ersetzt durch die Veröffentlichung „konsolidierter" Fassungen, bei denen die Änderungen eingearbeitet sind, um die Lesbarkeit zu erleichtern. Nun gibt es also nur noch Neuausgaben.

VDE 0855 Teil 300

Die Normen der Reihe VDE 0855 Teil 1 haben ihren Ursprung in der VDE 0855 „Vorschriften für Außenantennen" aus dem Jahre 1925, eine der Vorschriften des VDE mit großer Tradition.

Richtlinien in punkto Sicherheit für Antennen, wie Blitz- und Überspannungsschutz, gab lange Zeit die VDE 0855 Teil 1 vom Mai 1984 mit dem Titel „Antennenanlagen, Errichten und Betrieb". Sie betraf Empfangsantennen ebenso wie Sendeantennen. Etwa Funkamateuren war sie gut bekannt, und auch heute noch wird darauf im Zusammenhang mit Blitzschutz verwiesen. Dabei ist jedoch Folgendes zu beachten: *Diese Bestimmung wurde „für die Fertigung" ab 1. Mai 1999 vollständig durch die Norm VDE 0855 Teil 1*

vom März 1994 mit dem Titel „Kabelverteilsysteme für Ton- und Fernsehrundfunk-Signale" ersetzt.

Der Vorschriftenbereich der „alten" VDE 0855 wird heute praktisch von der VDE 0855 Teil 300 abgedeckt, die ab 1. Juli 2002 gilt. Diese Norm betrifft Empfangs- und Sendeanlagen, sie heißt „Funksende-/-empfangssysteme für Senderausgangsleistungen bis 1 kW".

Hintergrund-Info: Von der DKE aus wurde versucht, den alten Teil, die Sendeanlagen betreffend, ebenfalls als Europanorm (EN 50280) herauszubringen. Doch wurde dies durch andere Institutionen verhindert und die Aufgabe an eine andere Stelle gegeben, wobei eine baldige Lösung nicht zu erwarten ist. Daher hat die DKE die Lücke national mit der VDE 0855 Teil 300 gefüllt. Diese müsste aber zurückgezogen und durch die EN ersetzt werden, falls das geplante Ergebnis zustande kommt.

Normen zum Überspannungsschutz

Zum Schutz der elektrischen Anlagen von Gebäuden existieren einige Normen. Die für den Überspannungsschutz wichtigsten werden hier mit vollständiger Bezeichnung einschließlich Titel genannt; die weitere Bezeichnung in diesem Buch wird fett hervorgehoben:

- DIN V 0100-534 (**VDE V 0100 Teil 534**)
  Elektrische Anlagen von Gebäuden
  Teil 534: Auswahl und Errichtung
  von Betriebsmitteln
  Überspannungsschutz-Einrichtungen
  (April 1999)

- DIN VDE 0100-443 (**VDE 0100 Teil 443**)
  Errichten von Niederspannungsanlagen
  Teil 4: Schutzmaßnahmen
  Kapitel 44: Schutz bei Überspannungen
  Hauptabschnitt 443: Schutz bei Überspannungen infolge atmosphärischer Einflüsse
  oder bei Schaltvorgängen
  (Januar 2002)

• DIN EN 60099-4 (**VDE 0675 Teil 4**)
Überspannungsableiter
Teil 4: Metalloxidableiter ohne Funkenstrecken für Wechselspannungsnetze
(Juni 2005)

• DIN **VDE 0845 Teil 1**
Schutz von Fernmeldeanlagen gegen Blitzeinwirkungen, statische Aufladungen und Überspannungen aus Starkstromanlagen
Maßnahmen gegen Überspannungen
(Oktober 1987)

Zusammenfassung

Beim Blitzschutz ist zwischen einem Direkteinschlag und Überspannungen infolge Blitzeinschlags in der Nachbarschaft zu unterscheiden.
Die Vorschriften zum Schutz von Gebäuden gegen direkten Blitzeinschlag liegen in Form der VDE 0185 vor.

Beim Blitzschutz einer Empfangsantenne muss die VDE 0855 Teil 1 berücksichtigt werden.

Beim Blitzschutz einer Sendeantenne oder Sende-/Empfangsantenne ist die VDE 0855 Teil 300 zu beachten. Diese könnte in Zukunft zurückgezogen werden, um einer europäischen Norm Platz zu machen.

Die für die Praxis wesentlichen Inhalte der drei Normen werden in den folgenden drei Kapiteln dargestellt.

Es existieren einige Normen zum Schutz gegen Überspannungen. Befinden sich solche Normen „in Beratung", so ist das für den Praktiker nicht weiter störend, da auf dem ganzen Gebiet bereits gute Lösungen vorliegen, die er relativ einfach übernehmen kann. Weitere Kapitel informieren darüber besonders unter dem Aspekt des auch vom Nichtfachmann leicht zu realisierenden Geräteschutzes.

Gebäudeblitzschutz nach VDE 0185

Rechtliche Fragen

und Antworten

Die folgenden Antworten auf Fragen zu den neuen Blitzschutznormen VDE 0185 stammen von Herrn Joseph Schnitzler, Rechtsanwalt in Köln, und wurden vom **VDB**, dem Verband deutscher Blitzschutzfirmen e. V., veröffentlicht. Sie betreffen zwar die Vornamen (gekennzeichnet durch das V), sind jedoch auch 2006 bei Herausgabe der vorliegenden zweiten Auflage des Buches noch zutreffend.

1. *Welche rechtliche Bedeutung hat die am 1.11.2002 in Kraft getretene VDE-Vornorm VDE V 0185 in ihren Teilen 1, 2, 3 und 4?*
Zunächst einmal verlieren alle vorhergehenden Normen aus dem Bereich VDE 0185 ihre Gültigkeit, da sie zurückgezogen worden sind. Danach darf also nicht mehr gearbeitet werden. Eine Vielzahl von Gesetzen, Verordnungen, Erlassen, aber auch privatrechtlichen Vertragswerken ... schreibt vor, dass bauliche Anlagen nach den anerkannten Regeln der Technik (**aRT**) errichtet werden müssen. Die VDE V 0185 stellt eine solche aRT dar. Die Rechtsprechung geht davon aus, dass einzelne VDE-Normen aRT darstellen. Dort ist nämlich jeweils in Schriftform gegossen, was der wissenschaftlichen Erkenntnis entspricht und in der Praxis anerkannt ist. Dem steht auch nicht entgegen, dass VDE-Normen keine Gesetze sind; sie haben nämlich gleichwohl eine hohe, kaum Widerspruch duldende Autorität. Es wird vermutet, dass ein Gewerk nach den aRT errichtet worden ist, wenn die VDE-Normen eingehalten worden sind. Für den Bereich elektrische Anlagen – wozu die Blitzschutzanlage gehört – schreibt dieses die Zweite Durchführungsverordnung zum Energiewirtschaftsgesetz ausdrücklich vor.

2. *Welche Bedeutung hat der Zeitpunkt der Abnahme einer Werkleistung?*
Insbesondere bei Neuanlagen sind die zum Zeitpunkt der Abnahme geltenden aRT maßgebend. Es kommt nicht auf den Zeitpunkt des Vertragsabschlusses an. Das ergibt sich u. a. aus dem klaren Wortlaut des § 13 Nr. 1 VOB/B. Ausnahmsweise kann bei größeren und längerfristigen Bauvorhaben aus dem Gesichtspunkt von Treu und Glauben auf den Zeitpunkt abgestellt werden, zu dem der entsprechende Leistungsteil erbracht worden ist.

3. *Ist eine Blitzschutzanlage erforderlich?*
Oft geben gesetzliche oder behördliche Bestimmungen die Installation einer Blitzschutzanlage zwingend vor. Dann erübrigt sich die Einzelfallprüfung, ob die Blitzschutzanlage erforderlich ist. Gibt es keine zwingende Vorgabe, dann schreiben die Landesbauordnungen vor, dass eine bauliche Anlage mit einer Blitzschutzanlage zu versehen ist, wenn dieses erforderlich ist. Diese Frage kann sodann anhand VDE V 0185 Teil 1 und 2 beantwortet werden. Die Frage nach der Erforderlichkeit muss immer bei Neubaumaßnahmen gestellt werden.

Schwieriger ist die Frage oft zu beantworten, wenn es sich um eine Umbaumaßnahme handelt, d. h. das Bauwerk ergänzt, wesentlich umgebaut oder einer anderen Nutzung zugeführt wird. Auch in diesem Fall ist die Frage nach der Erforderlichkeit zu stellen. Das gilt auch dann, wenn eine Baugenehmigung nicht erforderlich ist. Der Planer und der Errichter einer Blitzschutzanlage hat eigenständig zu prüfen, ob das Objekt nunmehr mit einer Blitzschutzanlage zu versehen bzw. die vorhandene Anlage an die neue Norm anzupassen ist.

4. *Erfordern Wartungsarbeiten eine Anpassung an die neue VDE V 0185?*
Eine vorhandene Blitzschutzanlage genießt Bestandsschutz. Eine Anpassung an neue Normen etwa im Rahmen einer regelmäßigen Prüfung und/oder Wartung ist nur dann erforderlich, wenn die neue Norm dieses vorschreibt. Es ist jedoch erforderlich, dass der zum Errichtungszeitpunkt erforderliche Standard erfüllt wird. War dieser jedoch bereits zum Errichtungszeitpunkt nicht gegeben, so genießt die Anlage auch keinen Bestandsschutz.

Blitzschutz – wann?

„Blitzschutzanlagen werden z. B. entsprechend den Bauordnungen der Bundesländer oder den Unfallverhütungsvorschriften (UVV) der Bundesgenossenschaften für solche Gebäude und bauliche Anlagen gefordert, bei denen nach Lage, Bauart und Nutzung Blitzeinschläge zu besonders schweren Folgen führen können. Das ist z. B. bei Kraftwerken, Flughäfen, Sprengstofflagern, Funk- und Aussichtstürmen, Bahnhöfen, Museen, Theatern, Schulen, Kranken- und Warenhäusern der Fall. Unabhängig von Verordnungen und Verfügungen der zuständigen Aufsichtsbehörden sollten Gebäude grundsätzlich eine Blitzschutzanlage erhalten,
– wenn Menschen, Nutztiere, Kulturgüter oder hochsensible elektronische Einrichtungen in besonderer Weise zu schützen sind oder
– wenn Gebäude

– explosionsgefährliche oder leicht entflammbare Stoffe (insbesondere im Dachbereich) beherbergen,
– weiche Dacheindeckungen aus Holz, Stroh oder Reet (Schilf) haben und/oder
– ihre Umgebung deutlich überragen, z. B. freistehende Gebäude auf Bergkuppen.
Das gilt in besonderer Weise für gewitterreiche Regionen mit hoher Blitzdichte. *Liegen keine besonderen behördlichen Verordnungen oder Verfügungen vor, z. B. für Privathäuser, ist das Errichten einer Blitzschutzanlage grundsätzlich eine freiwillige Entscheidung des jeweiligen Gebäudeeigentümers.*

Die Blitzaktivität und damit das Risiko eines Blitzeinschlags sind regional sehr verschieden. Deshalb ist es sinnvoll, sich hinsichtlich der Errichtung einer Blitzschutzanlage z. B. von den kompetenten Bauherren oder Sachversicherern beraten zu lassen. *Überspannungsableiter sind kein Ersatz für eine Blitzschutzanlage.*" [1]

Blitzschutz – wie?

Die Realisierung des äußeren und inneren Blitzschutzes erfolgt durch Blitzschutzanlagen nach der Normenreihe VDE 0185 und der dazu z. B. vom Ausschuss Blitzschutz und Blitzschutzforschung (ABB) des VDE erlassenen Richtlinien.

„Zu einer vollständigen Blitzschutzanlage gehören stets Einrichtungen des äußeren *und* inneren Blitzschutzes, darin eingeschlossen der Blitzschutz-Potentialausgleich." [1]
Als **äußerer Blitzschutz** wird das System mit den drei wichtigsten Komponenten der Blitzschutzanlage verstanden:

– Fangeinrichtung
– Ableitung
– Erdungsanlage

Als **innerer Blitzschutz** sind Potentialausgleich und Überspannungsschutz anzusehen. Der Überspannungsschutz gelingt mit einem abgestuften System aus Grob-, Mittel- und Feinschutz besonders wirkungsvoll; aller-

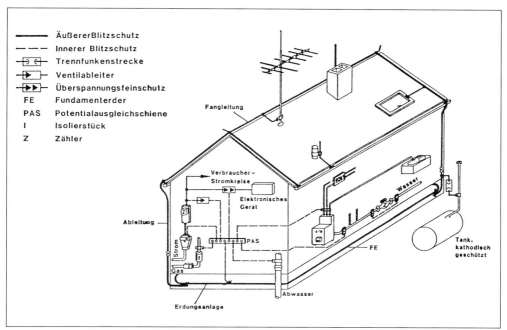

Ein Beispiel für äußeren und inneren Blitzschutz (Quelle: Dehn + Söhne).

dings ist die breite Anwendung eines solchen Systems – wie in einer Norm verankert – vom Kosten/Nutzen-Verhältnis her fragwürdig.

Aus gegebenem Anlass sei an dieser Stelle hervorgehoben: *Für Blitzschutz- und Potentialausgleichszwecke kommen nur Leitungen aus Vollmaterial, keinesfalls Litzen, zur Anwendung!* Der Grund besteht darin, dass sich einzelne Adern bei hohem Stromfluss infolge ihrer starken Magnetfelder gegenseitig abstoßen, so dass eine solche Leitung dann zerbersten kann. Eine Ausnahme bildet spezielles Seil.

Äußerer Blitzschutz allgemein

Beim äußeren Blitzschutz wird die äußere Kontur des Gebäudes mit metallenen Leitungen – meist aus verzinktem Rundstahl oder Kupferdraht – mehr oder weniger grob ausgestaltet. Das ist die Fangeinrichtung. Diese wird über die Ableitung auf kürzestem möglichen Weg mit der Erdungsanlage verbunden.

Ein **getrennter äußerer Blitzschutz** ist ein Sonderfall. Dieser liegt dann vor, wenn Fangeinrichtung(en) und Ableitung(en) so installiert wurden, dass der Blitzstromweg mit der zu schützenden baulichen Anlage nicht in Berührung kommt. Dies ist beispielsweise bei Gebäuden mit leicht entflammbarer Dachdeckung sinnvoll.

Wegen der Existenz dieses Spezialfalls spricht man beim häufig verwendeten äußeren Blitzschutz auch vom nicht getrennten äußeren Blitzschutz. Hier sind Fangeichrichtung(en) und Ableitung(en) direkt oder in geringer Entfernung am Gebäude angebracht.

Die Fangeinrichtung

Eine Fangeinrichtung soll unkontrollierte Einschläge an anderen Stellen vermeiden. Blitzeinschläge an nicht erwünschten Stellen bzw. das „Abspringen" des Blitzes von den zu seiner Ableitung vorgesehenen Einrichtungen sind eine große Gefahr für das betroffene Bauwerk und seine Nutzer. Meist werden dabei auch die elektronischen und/oder elektrischen Systeme beschädigt. Für die Fangeinrichtung gibt es drei grundsätzliche Verfahren:

- – Schutzwinkelverfahren
- – Maschenverfahren
- – Blitzkugelverfahren

Im einfachsten Fall des Schutzwinkelverfahrens besteht die Fangeinrichtung aus einer **Fangstange** oder einer **Fangleitung**. Einen mehr oder minder größeren Mehraufwand bedeutet ein sogenanntes **Fangnetz**, das im einfachsten Fall aus einer Masche besteht. Die DIN VDE V 0185 definiert für dieses Maschenverfahren vier **Blitzschutzklassen** entsprechend der angestrebten Wirksamkeit des Schutzes:

Klasse I: Maschenweite 5×5 m
Klasse II: Maschenweite 10×10 m
Klasse III: Maschenweite 15×15 m
Klasse IV: Maschenweite 20×20 m

Das Blitzkugelverfahren wird nur bei Gebäuden mit komplizierter Form angewendet. Es folgen einige wichtige praktische Hinweise zur Ausführung einer Fangeinrichtung:

1. „Fangstangen werden an exponierten Punkten, im Allgemeinen auf oder oberhalb der zu schützenden Objekte (Gebäude, Türme, Schornsteine, Maste und dergleichen) fest angeordnet ..." [1]

2. „Elektrisch leitend verbundene Metallkonstruktionen auf der Dachfläche, metallene Dacheindeckungen sowie Metallverkleidungen an Außenwänden können unter bestimmten Voraussetzungen ebenfalls als (natürliche) Fangeinrichtungen dienen." [1]

3. „Metallene Rohre, druckführend oder mit entflammbarem Inhalt, scheiden dagegen als Fangeinrichtung aus." [1]

4. „Kein Punkt der Dachfläche sollte mehr als 5 m von der Fangeinrichtung entfernt sein." [1]

5. „Um ein Abspringen des Blitzes von der Blitzschutzanlage auf andere geerdete Teile zu verhindern, sind alle größeren, benachbarten Metallteile, auch Lauf- und Trittroste auf dem Dach, Antennen- und Lüftungsrohre, Schneegitter sowie Regenrinnen auf kürzestem Wege mit der Fangeinrichtung zu verbinden." [1]

6. „Ein geeigneter Werkstoff für Fangleitungen ist z. B. blanker Kupferdraht mit 8 mm Durchmesser oder blanker Aluminiumdraht mit 10 mm Durchmesser." [2]

7. „Bei der Montage der Fangleitungen auf einem Satteldach verlegt man parallel zum Dachfirst die Firstleitung, die in Abständen von ca. 1 m mit speziellen Firstleitungshaltern zu befestigen ist. An den Dachfirsten sollten die Enden der Fangleitung ... auf eine Länge von 30 cm um 15 cm aufwärts gebogen werden." [2]

8. „Im Normalfall wird ... bei Gebäuden mit Flach- oder Satteldach auf der Dachfläche ein so genanntes Fangnetz mit einer Maschenweite von 10×20 m errichtet." [2]

9. „Bei zu schützenden Gebäuden mit umfangreichen elektronischen Einrichtungen ist die Maschenweite auf 10×10 m zu reduzieren." [2]

10. Eine Dachrinne aus Metall kann den unteren Teil einer Masche darstellen. Dazu muss sie elektrisch leitend durchverbunden sein.

Eine Reihe weiterer praktischer Hinweise, verbunden mit Zeichnungen und Fotos, finden sich in [2].

Die Ableitung

Die Ableitung (**Blitzableiter**) soll die Fangeinrichtung auf kürzest möglichem Wege mit der Erdungsanlage verbinden. Sie wird daher, wenn möglich, senkrecht und gerade geführt.

Durch den immens hohen Blitzstrom ist, obwohl dieser schnell abklingt, eine starke Erwärmung der Ableitung möglich. Je kürzer und leitfähiger der Blitzableiter ist, umso geringer wird seine Temperatur nach einem Blitzeinschlag sein.

Das Erhitzungsproblem ist jedoch so bedeutsam, dass die Ableitung in einem ge-

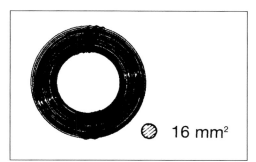

Als Erdungsleiter findet oft isolierter Kupfervolldraht Verwendung (Quelle: Kathrein).

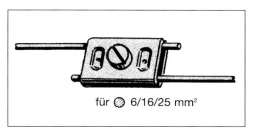

für 6/16/25 mm²

Mit diesem Erdungsverbinder können auch die Querschnitte 16 und 25 mm² zusammengebracht werden (Quelle: Kathrein).

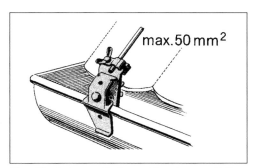

max. 50 mm²

Eine Dachrinnen-Erdungsklemme erweist sich beim äußeren Blitzschutz oft als nützliches Utensil (Quelle: Kathrein).

wissen Abstand (min. 10 cm) zu brennbarem Material verlegt werden muss.

Werden mehrere Fangstangen vorgesehen, erhält jede eine eigene Ableitung. Bauwerke mit Fangnetz (mindestens eine Masche) benötigen mindestens zwei Ableitungen an möglichst entfernten Punkten.

Wie bei der Fangeinrichtung können metallene Teile der baulichen Anlage, wie beispielsweise Bewehrungen von Stahlbetonbauten, Verkleidungen von Außenwänden, Regenrinnen oder Rohre, als „natürliche" Blitzableiter verwendet werden. Insbesondere bei Verwendung eines Regenfallrohrs müssen die Anforderungen an die Verbindungsstellen beachtet werden.

Hier noch einige spezielle Tipps, zitiert aus [2], wo sich noch viele weitere praktische Hinweise finden:

1. Auch wenn die Verwendung des Regenfallrohres als Ableitung zulässig ist, ist die Verlegung einer Ableitung parallel zum Regenfallrohr sicherer. Die Ableitungen sind dann in einem Abstand von ca. 20 cm von den Gebäudeecken zu verlegen und in gleichmäßigen Abständen von ca. 80 bis 100 cm mit geeigneten Wandleitungshaltern zu befestigen.

2. Darüber hinaus ist es VDE-konform, die Ableitung mit speziellen Regenrohrschellen direkt am Regenfallrohr anzubringen.

3. Ableitungen sollten zu Fenstern, Türen und sonstigen Öffnungen im Gebäude einen Mindestabstand von 50 cm aufweisen. Kann dieser Abstand zu Gebäudeöffnungen aus Metall oder mit Metallrahmen nicht eingehalten werden, so ist ein Anschluss an die Ableitung vorzunehmen.

4. Ableitungen dürfen auf Putz und unter Putz verlegt werden. Ein geeigneter Werkstoff für die Aufputz-Verlegung ist z. B. blanker Kupferdraht mit 8 mm Durchmesser oder blanker Aluminiumdraht mit 10 mm Durchmesser. Für die Unterputz-Verlegung sollten wegen der Korrosionsgefahr PVC-isolierte Kupferoder Aluminiumdrähte verwendet werden.

5. Wegen der Gefahr einer mechanischen Beschädigung und auch aus optischen Gründen ist die Unterputz-Verlegung der Ableitungen zu bevorzugen.

6. Die Verbindung von einer auf Putz verlegten Ableitung zur Erdungsanlage wird über eine Trennklemme und eine Erdeinführungsstange hergestellt.

7. Wegen der Korrosionsgefahr an der Übergangsstelle zum Erdreich und wegen der Gefahr einer mechanischen Beschädigung im unteren Bereich sind Erdeinführungsstangen aus Kupfer oder verzinktem Stahl mit mindestens 16 mm Durchmesser zu verwenden.

8. Eine preiswerte Alternative zu Erdeinführungsstangen bieten Erdeinführungen aus Bandstahl 30×3,5 mm.

9. Ein Regenfallrohr aus Metall muss grundsätzlich über eine Trennklemme und Erdeinführung mit der Erdungsanlage verbunden werden, auch dann, wenn das Regenfallrohr nicht als Ableitung dient.

10. Gebäude mit elektrisch leitend durchverbundener Blechfassade erhalten an Stelle der Ableitung in regelmäßigen Abständen so genannte Fußpunkterdungen.

Die Erdungsanlage

Über die Erdungsanlage soll der Blitzstrom so in die Erde geleitet werden, dass kein Schaden entsteht. Das gelingt umso besser, je geringer der **Erdungswiderstand** ist. (Früher verwendete man auch die Bezeichnungen Erdausbreitungswiderstand und Erdübergangswiderstand.) Ein geringer Widerstand kann allgemein über eine großflächige und tief im Erdreich liegende Erdungsanlage erreicht werden. Denn je größer die Übergangsfläche, umso kleiner ist der Übergangswiderstand, und je tiefer man ins Erdreich vorstößt, umso feuchter und somit leitfähiger ist dieses in der Regel.

Die Erdungsanlage kann nicht losgelöst vom Potentialausgleich gesehen werden, sondern schließt diesen mit ein: „Seit jeher ist es das Ziel der Blitzschutzerdung in Verbindung mit dem Blitzschutz-Potentialausgleich, bei einem Einschlag den Blitzstrom sicher (schadlos) in die Erde abzuleiten und dabei gefährliche Potentialdifferenzen auf sowie zwischen den metallenen Teilen innerhalb der baulichen Anlagen zu vermeiden. Diesem Ziel dienen die vielen möglichst kurzen Verbindungen aller metallenen Komponenten des betreffenden Objekts untereinander sowie mit den in das Objekt hineinführenden Versorgungsleitungen. Auf diese Weise entsteht ganz im Sinne der Zielstellung ein dreidimensionales, engvermaschtes Potentialausgleichs-Netzwerk." [1]

Wichtig: Ein **PEN-Leiter** (Schutzerdungsleiter mit Neutralleiterfunktion, früher **Nullleiter** genannt, Bezeichnung entsprechend EN 60617) darf nicht zum Zwecke des Blitzschutzes mitbenutzt werden. Es gibt verschiedene Arten von Erdungsanlagen. Am besten eignet sich meist der **Fundamenterder**. „Für Neuanlagen ist die Montage eines Fundamenterders nach DIN 18014 gefordert. Der Fundamenterder ist für die elektrische Anlage erforderlich und sollte zugleich als Erder für den Blitzschutz verwendet werden. Der Fundamenterder ist, wie der Name schon sagt, im Betonfundament des Gebäudes oder in der Bodenplatte eingebracht und steht dadurch großflächig mit dem Erdreich in Verbindung." [2]

Der Fundamenterder kann also im Nachhinein nicht mehr verändert werden, interessant sind jedoch seine Anschlüsse: „Grundsätzlich muss der Fundamenterder eine Anschlussfahne erhalten, die nach DIN 18012 im Hausanschlussraum in der Nähe des Hausanschlusskastens endet. Diese Anschlussfahne dient als Haupterdungsleitung. Sie ist das Verbindungsstück zwischen der Hauptpotential-Ausgleichsschiene und dem Fundamenterder. Für die Verwendung eines Fundamenterders als Blitzschutzerder sind zusätzliche Anschlussfahnen vorzusehen, die so anzuordnen sind, dass eine ordnungsgemäße Verbindung zu den Ableitungen des äußeren Blitzschutzes möglich ist." [2]

Für Fangleitungen und Ableitungen aus blankem oder verzinntem Kupfer, Aluminiumlegierung oder feuerverzinktem Stahl verlangt die Norm beispielsweise einen Mindestquerschnitt von 50 mm², während sie für Fangstangen und Erdeinführungsstangen aus gleichem Material 200 mm² fordert. Ein massiver Plattenerder aus Kupfer oder Stahl muss beispielsweise mindestens 50×50 mm² groß sein.

Bliebe zum Abschluss die Frage, was die Vorschrift denn bezüglich des Werts des Erdungswiderstands verlangt. Nun, wenn Hauptpotentialausgleich und Blitzschutz-Potentialausgleich konsequent durchgeführt wurden, ist die Einhaltung eines bestimmten Erdungswiderstandswerts nicht erforderlich. Dient der Blitzschutzerder jedoch zugleich als Erder für eine Niederspannungs-Verbraucheranlage, welche ein **TT-System** (System mit direkter Erdung eines Netzpunktes durch Verbindung mit dem Anlagen- oder Hilfserder, jedes T steht für das französische terre = Erde) darstellt oder enthält, dann muss er selbstverständlich den für das System geforderten Erdungswiderstand aufweisen.

Innerer Blitzschutz – Potentialausgleich

Der innere Blitzschutz umfasst im Wesentlichen den Potentialausgleich und den Überspannungsschutz. Der Potentialausgleich ist in DIN V VDE 0185 vorgeschrieben, während über Vorschriften zum Überspannungsschutz im Frühjahr 2004 noch beraten wird; diese werden also vermutlich später noch Einzug in die DIN V VDE 0185 halten.

Als **Potential** wird die Spannung gegen Erde bezeichnet.

Als Potentialausgleich bezeichnet man eine Maßnahme zur Herabsetzung von Potentialunterschieden zwischen den berührbaren Körpern elektrischer Betriebsmittel, der Erde und fremden leitfähigen Teilen auf ein möglichst unbedenkliches Maß.

Beim Potentialausgleich unterscheidet man zwischen Hauptpotentialausgleich, zusätzlichem Potentialausgleich und Blitzschutz-Potentialausgleich.

„Zum Zwecke des Potentialausgleichs sind die betreffenden Leiter, Körper, Erder und fremden leitfähigen Teile miteinander zu verbinden. Dazu dienen **Potentialaus-**

gleichsleiter. Das gesamte System (Netz) der genannten Verbindungen wird **Potentialausgleichsanlage** genannt.

Je nachdem, ob der Potentialausgleich und damit die Potentialausgleichsanlage allein aus Funktionsgründen oder allein aus Gründen der elektrischen Sicherheit, d. h. zum Schutz gegen elektrischen Schlag hergestellt worden ist, wird noch zwischen der **Funktions-Potentialausgleichsanlage** und der **Schutz-Potentialausgleichsanlage** unterschieden. Eine **kombinierte Potentialausgleichsanlage** dient somit der Herstellung sowohl des Funktions- als auch des Schutzpotentialausgleichs." [1]

Ein Potentialausgleichsleiter ist ein Schutzleiter (daher manchmal auch die etwas verwirrende und daher zu vermeidende Bezeichnung **Schutz-Potentialausgleichsleiter**), hat also im gesamten Verlauf die entsprechende grüngelbe Kennzeichnung.

Hauptpotentialausgleich

Da der Hauptpotentialausgleich in erster Linie dem Personenschutz dient, muss er in jeder Niederspannungsanlage vorhanden sein. Mit dieser Maßnahme werden im Allgemeinen Potentialdifferenzen zwischen

- dem **Hauptschutzleiter**, also dem vom Hausanschlusskasten abgehenden Schutzleiter,
- dem **Haupterdungsleiter**, meist in Form der Anschlussfahne am Fundamenterder,
- dem Hauptwasserrohr, also der Leitung hinter dem Wasserzähler,
- dem Hauptgasrohr, also der Leitung hinter der Absperrarmatur

sowie zwischen weiteren metallenen Rohren und Teilen der Gebäudekonstruktion. Typischer Bestandteil des Hauptpotentialausgleichs ist die **Potentialausgleichsschiene**, abgekürzt **PAS**. Sie wird so nahe wie möglich am Haupterdungsleiter angebracht.

Der Mindestquerschnitt der für den Hauptpotentialausgleich benutzten Leiter richtet sich nach dem Querschnitt des Hauptschutzleiters.

Einige Versorger fordern jedoch grundsätzlich mindestens 10 mm² Cu.

Zusätzlicher Potentialausgleich

Diese Maßnahme wird gefordert
– in Räumen bzw. Bereichen mit besonderer elektrischer Gefährdung, wie Bädern oder Ställen,
– in Systemen mit nicht betriebsmäßig geerdetem Neutralpunkt und Isolationsüberwachungs-Einrichtung und
– wenn die Bedingungen für das automatische Abschalten der Stromversorgung zum Schutz bei indirektem Berühren nicht erfüllt werden können.

Der Mindestquerschnitt der dem zusätzlichen Potentialausgleich dienenden Leiter ist in entsprechenden Normen festgelegt.

Blitzschutz-Potentialausgleich

In der Regel besteht diese Maßnahme darin,
– die Struktur des äußeren Blitzschutzes mit den metallenen Installationen eines Gebäudes zu verbinden *und*
– die hierzu geeigneten Leiter von allen das Gebäude mit der Umgebung verbindenden elektrischen Leitungen an die Potentialausgleichsschiene anzuschließen. Laut Vorschrift klingt das so: „Der Blitzschutz-Potentialausgleich ist herzustellen
– mit dem Metallgerüst der baulichen Anlage,
– mit den Installationen aus Metall,
– mit den äußeren leitenden Teilen und
– mit den Einrichtungen der elektrischen Energie- und Informationstechnik innerhalb der zu schützenden baulichen Anlage

durch Verbinden mit dem Blitzschutzsystem."

Der Hauptpotentialausgleich ist Voraussetzung für den Blitzschutz-Potentialausgleich.
„Da der Fundamenterder meist als gemeinsamer Erder für den Blitzschutz und die Elektro-installation genutzt wird, ist die Verbindung der metallenen Gebäudeinstallationen zur Blitzschutzanlage bereits über den Hauptpotentialausgleich realisiert." [2] Somit dienen die Leiter des Hauptpotentialausgleichs auch dem Blitzschutz-Potentialausgleich. Daher sind dann für diese Leiter die Mindestquerschnitte entsprechend dem Blitzschutz-Potentialausgleich einzuhalten, die größer sind als für den Hauptpotentialausgleich allein.

Mindestquerschnitte für Leiter des Blitzschutz-Potentialausgleichs zwischen internen metallenen Installationen und PAS:
– Cu isoliert oder blank 6 mm²
– Al isoliert 10 mm²
– Stahl 16 mm²

Mindestquerschnitte für Leiter des Blitzschutz-Potentialausgleichs zwischen verschiedenen PAS oder PAS und Erdungssystem:
– Cu isoliert oder blank 16 mm²
– Al isoliert 25 mm²
– Stahl 50 mm²

Der Blitzschutz-Potentialausgleich für die genannten Leiter muss so nah wie möglich an der Ein- bzw. Austrittsstelle des Gebäudes erfolgen.

Der beschriebene Blitzschutz-Potentialausgleich wird oft von einem Überspannungsschutz flankiert. So sind alle Leiter und Leitungsschirme, deren Anschluss an die Potentialausgleichsschiene nicht möglich ist, über Blitzstromableiter mit dieser Schiene zu verbinden. Ein Blitzstromableiter jedoch ist eine Überspannungsschutz-Einrichtung. Man sollte sich in diesem Zusammenhang folgende Tatsache vor Augen halten: *Während der herkömmliche Potentialausgleich mit Leitungen unabhängig von der Höhe des Potentialunterschieds funktioniert, führt eine entsprechend eingefügte Überspannungsschutz-Einrichtung erst ab einem bestimmten Potentialunterschied zum Potentialausgleich.* Der Überspannungsschutz kann daher durchaus als (besondere) Potentialausgleichs-Maß-nahme angesehen werden. In der Norm zeigt sich diese Sichtweise konsequent, indem die Herstellung des Blitzschutz-Potential-ausgleichs nicht nur mit Leitungen, sondern auch mit Überspannungsschutz-Geräten der Klasse I gemäß DIN V VDE V 0100-534 vor-geschrieben wird.

Praxistipp: Vom Durchmesser zum Querschnitt

Erdungsleitungen für Antennenanlagen kön-nen aus drei Materialien bestehen:

– Kupfer blank oder isoliert, min. 16 mm^2 (Volldraht, Durchmesser 4,5 mm)
– Aluminium, isoliert, min 25 mm^2 (Voll-draht, Durchmesser 5,6 mm)
– Stahl, verzinkt, min. 50 mm^2 (Volldraht, Durchmesser 8 mm oder Band 2,5 × 20 m^2)

Für Potentialausgleichsleitungen wird Kupfer-volldraht mit mindestens 4 mm^2 Querschnitt entsprechend 2,3 mm Durchmesser, blank oder isoliert, vorgeschrieben.

In der Praxis kann man den Durchmesser leicht abschätzen oder messen, nicht aber den Querschnitt. Vom Durchmesser zum Quer-schnitt gelangt man jedoch praktisch mit guter Genauigkeit, wenn man die Zahl vor dem Komma quadriert. Beispiel: gemessen Durch-messer 5,6 mm, gerechnet 5 mm × 5 mm, Ergebnis 25 mm^2.

Mehr Tipps für die Praxis

Noch mehr praktische Hinweise vermittelt die vom Ausschuss für Blitzschutz und Blitz-forschung (ABB) des VDE herausgegebene Merkblattsammlung „Der Blitzschutz in der Praxis – Informationen für Planer, Errichter und Prüfer von Blitzschutzsystemen".

Der dahinter stehende Gedanke: Oft wer-den Blitzschutzmaßnahmen erst geplant und durchgeführt, wenn durch direkten oder in-direkten Blitzeinschlag Schaden entstanden ist. *Zu spät wird meist erkannt, dass durch*

ein ungünstiges Erdungs- und Potentialaus-gleichsystem der Schaden durch die eingebau-ten Überspannungs-Schutzmaßnahmen nicht verhindert werden konnte.

Diese Broschüre gibt Antworten auf häufig gestellte Fragen bei der Anwendung der euro-päischen und nationalen Normen.

Im November 2003 erschien die vierte Auflage mit neuen Themen, wie Überspan-nungsschutz-Geräte, Photovoltaikanlagen und Telekommunikationsanlagen.

Die weiteren Themen:
– Fundamenterder, Anforderungen und Feh-lermöglichkeiten
– Schutzbereich von Fangeinrichtungen
– Wie werden mögliche Einschlagpunkte fest-gelegt?
– Isolierte Fangeinrichtungen
– Schutz elektrischer und metallener Einrich-tungen auf Dächern
– Trennungsabstand von elektrischen und metallenen Einrichtungen
– Auswirkungen von „Näherungen"?
– Blitzstrom- und Überspannungsableiter
– Einsatz von Sicherungen und Überspan-nungsschutz-Geräten
– Auswahl von Vorsicherungen im Netz
– Installation von Blitzstromableitern
– Das „Blitzkugelverfahren"
– Korrosion bei Blitzschutzsystemen
– Verbindung und Vermaschung von Erdungs-anlagen

Die Broschüre „Der Blitzschutz in der Praxis" erhält man als Einzelexemplar kostenlos. Sie steht auch kostenlos als pdf-Datei zur Verfü-gung unter www.vde.com/blitzschutzpraxis.

Eine weitere Quelle fachlich kompetenter Hinweise ist der „Blitz-Planer" der Firma Dehn + Söhne. Er enthält Arbeitsunterlagen, Informationen und Listen, die der Fachmann bei seiner Arbeit braucht. Das Arbeitsmittel und Nachschlagewerk gibt Hilfestellungen bei der Lösung von Blitzschutzproblemen, der Planung und Installation von Blitzschutz-

anlagen, aber auch für die Messung Wartung des äußeren und inneren Blitzschutzes. Die wichtigsten Themen:
– Bestimmungen, Blitzkennwerte
– äußerer Blitzschutz, Blitzschutztechnik
– neue Normung
– Überspannungsschutz, Energie- und Informationstechnik

– Erdung, Erdungsanlagen
– Projektierungsgrundlagen
– Montagebeispiele und Schutzvorschläge

Diese Publikation steht auch auf CD-ROM zur Verfügung und kann kostenlos bei der Abteilung Werbung angefordert werden.

Empfangsantennenschutz nach VDE 0855 Teil 1

Allgemeines

Die VDE 0855 trägt heute den Titel „Kabelnetze für Fernsehsignale, Tonsignale und interaktive Dienste". Sie besteht aus mehreren Teilen; Teil 1 beschäftigt sich mit Sicherheitsanforderungen einschließlich Potentialausgleich und Erdung und ist für dieses Buch relevant.

Der „Schutz gegen atmosphärische Überspannungen und (die) Verhinderung von Spannungsunterschieden" ist Thema des Abschnitts 11 dieses Teils. Hier liest man als grundsätzliche Anforderung: „Alle Teile der äußeren Antennenanlage müssen so ausgeführt sein, dass sie einer Blitzentladung standhalten, ohne dass Gefahr besteht für Brand oder Abtrennung der äußeren Antennenanlage oder von Teilen derselben von der Tragkonstruktion."

Ausnahmen

Keine Schutzmaßnahme (Erdung) benötigen grundsätzlich Innenantennen sowie Außenantennen, wenn diese im Bereich
– bis 2 m unterhalb der Dachkante *und*
– maximal 1,5 m vom Gebäude entfernt
   montiert wurden.
Es dürfen keine Teile der Antenne oder das Kabel aus diesem Bereich herausragen. Besonders die Montag einer Satellitenantenne ist innerhalb dieses Bereichs oft möglich.

Aber: „Für Antennen, die ... nicht geerdet werden müssen, wird dringend empfohlen, dass wenigstens der Kabelschirm des Koaxialkabels ... an den Potentialausgleich angeschlossen wird. Weiterhin sollten alle durchverbundenen, leitfähigen, berührbaren Teile der Installation in den Potentialausgleich einbezogen werden."

Einschränkungen

Die Antennenmontage auf leicht entzündbaren Dachabdeckungen ist unzulässig. Weder eine Antennenleitung noch ein **Erdungsleiter** darf durch einen Raum mit leicht entzündlichen Stoffen führen. Ein Erdungsleiter unterscheidet sich von einer Ableitung dadurch, dass er nicht direkt an eine Fangeinrichtung, sondern an eine zu schützende Komponente, wie beispielsweise eine Antenne, angeschlossen ist.

„Empfangsanlagen für AM-Tonrundfunk müssen ein eingebautes Schutzelement enthalten, das an einem Potentialausgleichsleiter angeschlossen ist."

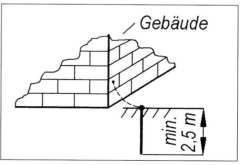

Skizze eines Staberders mit Mindestlänge (Quelle: CQ DL).

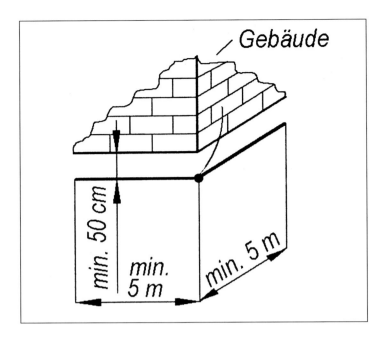

Gebäude

min. 50 cm

min. 5 m

min. 5 m

Schutz der Antennenanlage

Die Vorschrift unterscheidet grundsätzlich zwischen Gebäuden mit und ohne Blitzschutzanlage.

Gebäude mit Blitzschutzanlage

Die entsprechenden Vorschriften finden sich in Abschnitt 11.2.1 der Norm. Dort heißt es: „Ist das Gebäude mit einem Blitzschutz entsprechend IEC 61024-1 ausgerüstet, muss der Antennenmast im Falle einer metallischen Ausführung auf dem kürzestmöglichsten Weg mit der Gebäude-Blitzschutzanlage über einen Erdungsleiter nach Abschnitt 11.2 verbunden werden."

Laut IEC 1024-1 müssen die Außenleiter aller Antennenkabel (in der Vorschrift etwas bedeutungsschwanger und verwirrend „Koaxialantennen-Niederführungskabel" genannt) über einen Potentialausgleichsleiter mit dem metallischen Mast verbunden werden. Der Kabelanschluss erfolgt dabei über eine spezielle Kontakteinheit, welche sich in drei verschiedenen Formen zeigen kann.

Die **Erdungsschiene** ist die einfachste. Im Kontaktierungsbereich ist das Kabel vorsichtig von der äußeren Isolation zu befreien. Die Erdungsschiene muss genau für den Kabeldurchmesser ausgelegt sein, damit es bei zu kleinem Kabeldurchmesser nicht zu unsicherem Kontakt und bei zu großem Kabeldurchmesser nicht zur Verformung des Kabels (Störung des homogenen Aufbaus) kommen kann.

Einfacher ist eventuell ein **Erdungsblock** anzuwenden. Hier muss man den Außenmantel nicht abisolieren, aber trennen und mit zwei Steckern versehen. In der Satellitentechnik hat sich der F-Erdungsblock etabliert. Er ist für zwei Kabel bei Conrad Electronic oder Westfalia Technika erhältlich.

Zur Erdung eines bestimmten Kabeltyps über den kabelspezifischen Stecker gibt es manchmal eine spezielle **Erdungsmuffe**. Der Preis für diesen qualifizierten Anschluss ist allerdings recht hoch.

Am Mast kommt vorteilhaft eine spezielle **Erdungsschelle** zum Einsatz. Manchmal wird

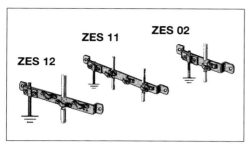

Erdungsschienen von Kathrein: ZES 12 für drei Kabel bis 12 mm Durchmesser, ZES 11 für sechs und ZES 02 für zwei Kabel bis 8 mm Durchmesser.

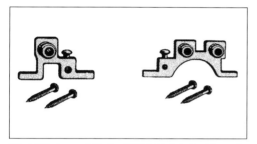

Die F-Erdungsblöcke EMU 21 (einfach) und EMU 22 (zweifach) von Kathrein.

sie auch wenig passend **Erdungsklemme** genannt. Die Begriffe Erdungsschiene, Erdungsblock und Erdungsmuffe sind in der Praxis übliche Bezeichnungen und auch in Katalogen zu finden (Handelsbezeichnungen). Genau genommen dienen diese Elemente aber zunächst nur dem Potentialausgleich. Ein wenig anders verhält sich die Sache mit der Erdungsschelle/Erdungsklemme und dem ebenfalls für Rohre vorgesehenen **Erdungsband**. Denn diese Anschlüsse können ja auch an Rohre gelegt werden, welche direkt ins Erdreich führen.

Neben den hier genannten existiert eine breite Palette speziellerer Anschlusselemente. Für jeden individuellen Fall ist somit durch richtige Auswahl die optimale Lösung möglich.

Gebäude ohne Blitzschutzanlage

Die entsprechenden Vorschriften finden sich in Abschnitt 11.2.2 der Norm.

Besitzen Gebäude ohne Blitzschutzanlage keine zulässige Erdungsanlage, was in aller Regel der Fall ist, so muss für eine solche gesorgt werden. Hierbei wird man zunächst abklären, ob natürliche Bestandteile des Gebäudes, wie Bewehrung, Fassade oder Geländer oder die metallische Wasserleitung, für die Erdungsanlage genutzt werden können, was zulässig ist.

Doch Achtung: *Keinesfalls darf man einen Schutzleiter oder einen Außenleiter einer koaxialen Leitung für eine Erdungsanlage verwenden!* **Schutzleiter** werden auch als **PE-Leiter** bezeichnet, wobei das P für protection (Schutz) steht, während das E nur zwecks besserer Aussprache hinzugefügt wurde. Dieser Leiter ist nicht notwendigerweise geerdet! Ein Schutzleiter kann auch eine weitere Funktion übernehmen und heißt dann übrigens je nach dieser PEN-, **PEM-** oder **PEL-Leiter**.

Wird die Wasserleitung eingebunden, dann sollte man sicherstellen, dass bei einer Reparatur der Sanitärinstallateur keinen Kunststoff verwendet. Die Erdungsanlage aus natürlichen Bestandteilen, die neu errichtete Erdungsanlage oder die Erdungsanlage als

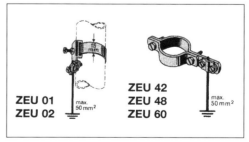

Die Erdungsschellen von Kathrein eignen sich für Mastdurchmesser von maximal 48 (ZEU 01) bzw. 120 mm (ZEU 02) sowie für folgende Mast-/Wasserrohr-Durchmesser: 42 mm/1 1/4 Zoll (ZEU 42), 48 mm/1 1/2 Zoll (ZEU 48) und 60 mm/2 Zoll (ZEU 60).

Für das Koaxkabel Ecoflex 15 ist von UKW-Berichte eine hochwertige Erdungsmuffe lieferbar. Sie ist aus rostfreiem Edelstahl hergestellt; die Erdverbindung erfolgt über ein Erdungskabel mit großem Querschnitt, das ebenso im Lieferumfang ist wie eine UV-stabile Abdichtung.

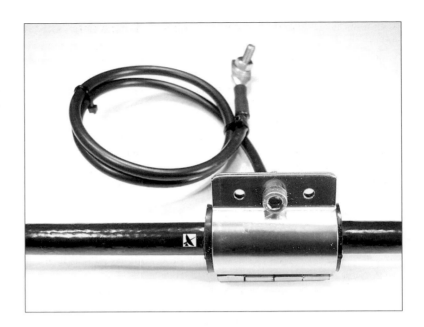

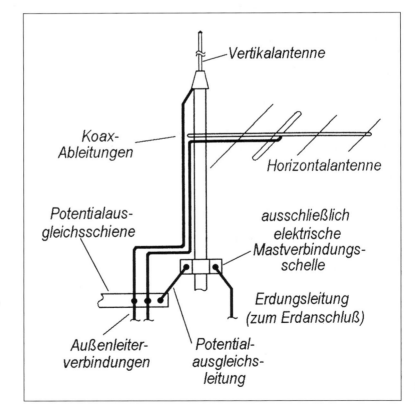

Grundprinzip des Potentialausgleichs und des Anschlusses der Erdleitung bei Außenantennen (Quelle: CQ DL).

Kombination aus natürlichen und neuen Bestandteilen muss eine der beiden folgenden Mindestvoraussetzungen erfüllen:

1. senkrecht verlaufender Erder von mindestens 2,5 m Länge oder zwei mindestens 1,5 m lange senkrechte Erder in mindestens 3 m Abstand und immer 1 m vom Fundament entfernt.

In der Regel handelt es sich hierbei um einen senkrecht eingetriebenen 2,5 m langen **Staberder**.

2. System aus mindestens zwei horizontal verlaufenden Erdern von mindestens je 2, 5 m Länge in mindestens 50 cm Tiefe mit mindestens 1 m Abstand vom Fundament. Man spricht dabei von einem **Horizontalerder**. Obwohl kein Winkel zwischen dessen einzelnen Erdern vorgeschrieben ist, sollte der Winkel mindestens 90° betragen.

Als Mindestquerschnitte für die Erder sind in beiden Fällen bei Kupfer 50 mm^2 und bei Stahl 80 mm^2 vorgeschrieben. Der Horizontalerder ist oft ein sogenannter **Banderder**, besteht also aus Metallband. Das bedeutet gegenüber einem runden Leiter bei gleicher Querschnittsfläche mehr Außenfläche und somit einen kleineren Erdungswiderstand.

„Der Antennenmast muss über einen Erdungsleiter mit Erde verbunden werden." In der Praxis wird man dabei so verfahren, dass die Außenleiter der Kabel in Mastnähe und im Gebäude über Erdungsschiene und Erdungsschelle mit dem Mast kontaktiert werden. Von diesem führt dann ein Leiter an die Erdungsanlage. Für die Erdungsleiter (Massivdraht) gelten folgende Mindestquerschnitte:

– Cu blank oder isoliert 16 mm^2
– Alu isoliert 25 mm^2
– Stahl 50 mm^2

Tipps zur Antennenhöhe

In der Vergangenheit lautete die Grundregel für die Antennenaufstellung: So hoch und so frei wie möglich. Diese Regel sollte man auch heute noch beachten. So erhält die UKW-Yagiantenne auf dem Dach, welche früher dem analogen terrestrischen TV-Fernempfang diente, heute in den Randgebieten des stationären DVB-T-Empfangs wieder neue Berechtigung.

Allerdings bilden Sat-Antennen eine Ausnahme von der Regel. Denn diese Antennen sollten nicht so hoch wie möglich, sondern so tief wie möglich angebracht werden.

Das hat gleich mehrere Vorteile, wie geringere Windbelastung, leichte Zugänglichkeit (Nachausrichtung, Befreiung von Schnee), geringes Blitzeinschlags-Risiko sowie Unauffälligkeit und einfache Montage.

Tipps zum Potentialausgleich

Als zulässiger Potentialausgleichsleiter (aber eben nur für den Potentialausgleich und nicht zur Erdung; dies wird leider oft durcheinander gebracht) gilt ein Kupferdraht mit 4 mm^2 Mindestquerschnitt.

Sind mehrere Antennenleitungen vorhanden, wird jede für sich mit dem Mast verbunden.

Dieser Potentialausgleich bewirkt, dass Blitzströme auf den Außenleitern von Antennenkabeln optimal in die Erde geleitet werden.

Der Potentialausgleich muss, soll er voll wirksam sein, vor einem eventuellen Verstärker oder Multischalter erfolgen. Aber auch nach diesen elektronischen Baugruppen sollte diese Maßnahme zur Erhöhung der Sicherheit nochmals erfolgen. Grundsätzlich gilt: Lieber eine Potentialausgleichs-Maßnahme zu viel als zu wenig.

Schutz von Sende- und Sende-/Empfangsantennen nach VDE 0855 Teil 300

Allgemeines

Die Norm VDE 0855 Teil 300 definiert Sicherheitsanforderungen an „Sende-/-Empfangsantennenanlagen für Senderausgangsleistungen bis 1 kW". Sie betrifft stationäre und soweit anwendbar auch bewegliche Betriebsstätten, wie Wohnmobile, die vorwiegend für das kombinierte Senden und Empfangen ausgelegt sind. Darin finden sich auch die Potentialausgleich und Erdung und den Schutz gegen atmosphärische Überspannung betreffenden Vorschriften.

Für die VDE 0855 Teil 300 diente übrigens die VDE 0855 Teil 1 als Vorlage, welche speziell um die besonderen Anforderungen an den Sendebetrieb für z. B. Mobilfunk erweitert wurde. D. h., die wesentlichen Aussagen finden sich in beiden Teilen. Die Norm ist explizit auch für CB-Funk, Amateurfunk und Rundfunk (Satelliten-Empfangsanlagen mit Rückkanal) vorgesehen. Der „Schutz gegen atmosphärische Überspannungen und die Vermeidung von Spannungsunterschieden" ist Thema des Abschnitts 12. Hier wird gefordert, dass durch Blitzentladungen keine Brandgefahr entstehen und kein Absprengen von Teilen, die Personen oder Sachen gefährden, erfolgen darf. Diese Forderung gilt als erfüllt, wenn
– alle Teile, die einer direkten Blitzentladung ausgesetzt sind, für 100 kA Blitzstrom entsprechend Klasse III dimensioniert und
– alle Teile, die keiner direkten Blitzentladung ausgesetzt sind, für die auftretenden Blitzteilströme dimensioniert sind.

„Ist dies aus elektrischen Gründen, wie z. B. bei an der Mastspitze montierten Rundstrahlantennen, nicht möglich, dann müssen die Antennen selbst dem Blitzstrom standhalten. Hiervon ausgenommen sind Amateur- und CB-Funk-Drahtantennen."

Ausnahmen

Keine Erdung benötigen grundsätzlich Innenantennen sowie Außenantennen, wenn diese im Bereich
– bis 2 m unterhalb der Dachkante *und*
– maximal 1,5 m vom Gebäude entfernt
montiert wurden. Es dürfen keine Teile der Antenne oder das Kabel aus diesem Bereich herausragen.
Die Montag einer Satellitenantenne, aber auch einer Amateurantenne für das 70-cm-Band und/oder höhere Bänder ist innerhalb dieses Bereichs oft möglich.

Einschränkungen

Die Antennenmontage auf leicht entzündbaren Dachabdeckungen ist unzulässig. Weder eine Antennenleitung noch ein Erdungsleiter darf durch einen Raum mit leicht entzündlichen Stoffen führen, es sei denn, die in der Norm näher beschriebenen Anforderungen für Ausnahmefälle werden erfüllt.

Schutz der Antennenanlage

Die Norm unterscheidet grundsätzlich zwischen Gebäuden mit und ohne Blitzschutzanlage.

Gebäude mit Blitzschutzanlage

Wenn das Gebäude mit einer Blitzschutzanlage entsprechend DIN V VDE 0185 ausgestattet ist, dann wird jeder metallische Antennenmast auf kürzestmöglichem Weg mit der Gebäude-Blitzschutzanlage über Erdungsleiter verbunden. Für diese Leiter (Massivdraht) gelten folgende Mindestquerschnitte:

– Cu blank oder isoliert 16 mm^2
– Al isoliert 25 mm^2
– Fe verzinkt 50 mm^2

Die Außenleiter aller koaxialen Antennenkabel müssen über einen Potentialausgleichsleiter am Gebäudeeintritt mit dem metallischen Mast verbunden werden (Erdungsschiene, Erdungsschelle). Sind die Kabel entsprechend lang, so müssen sie alle 15 bis 20 m über Potentialausgleichsleiter oder Ableiter an metallene Installationen, Erdungsleiter oder die Blitzschutzanlage angeschlossen werden. Dies gilt nicht für die Leitungen von CB-Funk- und Amateurfunk-Drahtantennen.

Gebäude ohne Blitzschutzanlage

Besitzen Gebäude ohne Blitzschutzanlage keine zulässige Erdungsanlage, was in aller Regel der Fall ist, so muss für eine solche gesorgt werden. Hierbei wird man zunächst abklären, ob natürliche Bestandteile des Gebäudes, wie Bewehrung, Fassade, Geländer oder Wasserleitung, für die Erdungsanlage genutzt werden können, was zulässig ist. Keinesfalls darf man einen Schutzleiter oder einen Außenleiter einer koaxialen Leitung für eine Erdungsanlage verwenden!

Bei der Wasserleitung muss im Reparaturfall darauf geachtet werden, dass kein Kunststoff eingebracht wird, sodass die Leitung weiter voll wirksam für die Erdung ist.

Die Erdungsanlage aus natürlichen Bestandteilen, die neu errichtete Erdungsanlage oder die Erdungsanlage als Kombination aus natürlichen und neuen Bestandteilen muss eine der drei folgenden Mindeststrukturen aufweisen:

1. senkrecht oder schräg verlaufender Erder von mindestens 2,5 m Länge in 1 m Mindestabstand vom Fundament
   In der Regel handelt es sich hierbei um einen senkrecht eingetriebenen 2,5 m langen Staberder.

2. System aus mindestens zwei horizontal verlaufenden Erdern von mindestens je 5 m Länge in mindestens 50 cm Tiefe mit mindestens 1 m Abstand vom Fundament
   Obwohl kein Winkel zwischen den einzelnen Erdern vorgeschrieben ist, sollte der Winkel mindestens 90° betragen.

3. Zwei mit einem Erdungsleiter verbundene Erder gemäß 1., aber mit nur 1,5 m Mindestlänge

Als Mindestquerschnitte für die Erder sind bei Kupfer 50 mm^2 und bei Stahl 80 mm^2 vorgeschrieben. Als Horizontalerder ist wieder der Banderder zu bevorzugen.

Die Außenleiter aller koaxialen Antennenkabel müssen über einen Potentialausgleichsleiter am Gebäudeeintritt mit dem metallischen Mast verbunden werden (Erdungsschiene, Erdungsblock, Erdungsmuffe, Erdungsschelle). Sind die Kabel entsprechend lang, so müssen sie alle 15 bis 20 m über Potentialausgleichsleiter oder Ableiter an metallene Installationen, Erdungsleiter oder die Blitzschutzanlage angeschlossen werden. Dies gilt nicht für die Leitungen von CB-Funk- und Amateurfunk-Drahtantennen.

Der Mast ist auf kurzem, möglichst direktem Weg mit Erde zu verbinden. Sind mehrere Masten vorhanden, sind diese untereinander zu verbinden, und zwar jeder Mast mit jedem anderen Mast. Weit auseinander stehende Maste sind einzeln zu erden.

Für die Erdungsleiter (Massivdraht) gelten folgende Mindestquerschnitte:
– Cu blank oder isoliert 16 mm^2
– Al isoliert 25 mm^2
– Fe verzinkt 50 mm^2

Tipps zum Potentialausgleich

Als zulässiger Potentialausgleichsleiter (aber eben nur für den Potentialausgleich und nicht zur Erdung; dies wird leider oft durcheinander gebracht) gilt ein Kupferdraht mit 4 mm² Mindestquerschnitt.

Sind mehrere Antennenleitungen vorhanden, wird jede für sich mit dem Mast verbunden. In der Norm sind einige beispielhafte Zeichnungen enthalten, welche die Textaussagen für den Praktiker verdeutlichen sollen. Dabei fällt auf, dass der Anschluss an den Außenleiter von Koaxialkabeln immer außerhalb des Gebäudes dargestellt ist. Das bedeutet oft erhöhten Aufwand in Form einer Abdeckung, damit in das Kabel kein Wasser eindringen kann. Dies muss unbedingt gesichert werden! Man sollte also versuchen, den Anschluss des Außenleiters immer im Gebäude vorzunehmen. Es gibt jedoch mechanische Konstruktionen, die außerhalb angebracht werden können und regenfest sind.

Der Installateur darf hier unter Ausnutzung der örtlichen Gegebenheiten seine Kreativität (Dachüberstände, Abdeckungen usw.) entfalten. Eine einfache Lösung besteht auch darin, die Erdungsschiene in einem IP-Gehäuse zu montieren und das Kabel von unten zuführen.

Trennen und Erden

Außenantennen bei Nichtbenutzung vom Gerät zu trennen, ist einfach und wirkungsvoll, aber wenn man das tut, sollte man den Anschluss gut erden. Der Erdleiter sollte von allen metallenen Installationen, auch von Elektrokabeln in der Mauer, mindestens 50 cm Abstand haben, um ein Überspringen zu verhindern.

Es ist zu empfehlen, jeden Überspannungs-Ableiter für Antennen auf einer möglichst großen und gut geerdeten Metallplatte zu montieren. Die ankommenden Koaxialkabel werden vor der Buchse von der Außenisolation befreit und auf der einen Seite der Platte geerdet. Die Firma Polyphaser bietet ein geeignetes Erdungskit an. Walter Hann, OE8WHK, verwendet kurze Massebänder, wie man sie für die Autobatterie-Anschlüsse bekommt, die er mit kleinen Schlauchbindern am Koaxkabel kontaktiert. Auf der anderen Seite der Platte befinden sich die Überspannungs-Ableiter.

Überspannungsschutz – das sollte man wissen

Wie groß ist die Gefahr?

Überspannungen treten in den meisten Fällen durch Blitzwirkung auf, können jedoch auch andere Ursachen haben. Die Gefährlichkeit von Überspannungen wird allgemein eher unterschätzt. So stellte die Württembergische Versicherung auf Grund einer Untersuchung von über 7.700 Schadensfällen 1998 fest, dass rund 30 % aller Elektronikschäden von Überspannungen oder elektrostatischen Stromspitzen verursacht werden. Eine weitere Analyse von 8.400 Schadensfällen im Jahr 2000 zeigt einen Anteil von 27,4 %. Neuere

Untersuchungen werden voraussichtlich noch niedrigere Werte liefern, da der Gesetzgeber die Industrie seit 1998 verpflichtet, ihre Geräte bereits intern zu schützen. Dennoch: *Dies sind neben Fahrlässigkeit (etwa 35 %) die mit Abstand häufigsten Schadensursachen.*

Je moderner eine elektronische Schaltung ist, um so empfindlicher ist sie wahrscheinlich gegen Überspannungen. Warum? Der Grund ist recht plausibel: Die mögliche Spannung zwischen zwei Punkten ist dem Abstand dieser Punkte proportional. Bei zu kleinem Abstand kommt es zum Überschlag. Doch die elektro-

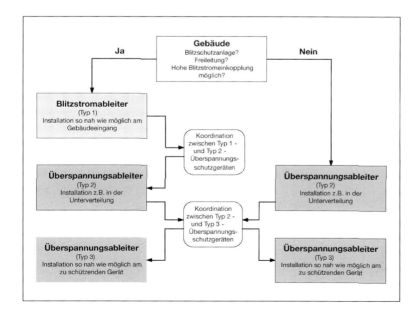

Übersicht zur Auswahl von Überspannungs- schutz-Geräten in Niederspan- nungs-Verbrau- cheranlagen (Quelle: ABB).

35

nischen Schaltungen werden immer filigraner, die Abstände bei den Halbleiterstrukturen also immer winziger.

Wie gesagt: Am häufigsten ist der direkte Blitzeinschlag oder der Einschlag in der Umgebung für Überspannungen verantwortlich. Dabei können in bis zu drei Kilometern Entfernung gefährliche Überspannungen für elektronische Geräte auftreten.

Weitere Überspannungsquellen sind vor allem Elektrogroßgeräte, Aufzüge, Schweißgeräte und sogar Waschmaschinen.

Zur Lektüre über die Qualität der Versorgungsspannung sei die DIN EN 50160 „Merkmale der Spannung in öffentlichen Elektrizitätsversorgungsnetzen" empfohlen. Demnach passen Geräte und Stromversorgungsnetz nicht besonders gut zusammen.

Zu einer nüchternen Beurteilung der Problematik gehört allerdings auch die Berücksichtigung der offensichtlichen Tatsache, dass die Häufigkeit bzw. Wahrscheinlichkeit von Überspannungen nicht zunimmt, da ja auch die Blitzhäufigkeit nicht zunimmt. Das hebt auch der erfahrene Elektromeister Hans-Joachim Geist in [2] hervor: „Es treten bei Weitem nicht so viele Überspannungen in den Niederspannungsanlage auf, wie angenommen wird, das bestätigen die in DIN VDE 0100 Teil 443/2002-01 aufgeführten Rundversuche und die Erfahrungen des Autors, der in zahlreichen Anlagen Messungen durchgeführt hat, bei denen keine nennenswerten Überspannungen zu registrieren waren."

Geräte, die Mitte der 90er Jahre hergestellt wurden, sind wahrscheinlich am empfindlichsten. Ältere Geräte sind robuster, modernere intern geschützt.

Blitzschutz allein genügt nicht

Unsicherheit herrscht noch bei vielen Menschen über mögliche Gefahren und Folgen von Blitzeinschlägen.

Wenn beispielsweise ein Blitzableiter auf dem Dach installiert ist, halten viele Menschen einen weiteren Schutz, etwa für ihre Audio- und Videoanlage, für unnötig. Dies ist leider eine Fehleinschätzung, die teure Folgen haben kann, da dann immer noch erheblicher Schaden durch übermäßige Spannung auf der Netzleitung entstehen kann.

Besonders gefährdete Geräte

Überspannungen treffen zuerst die empfindlichsten Systemteile. Heute sind das die winzigen elektronischen Schaltkreise in fast allen elektronischen Geräten. Ob Computer, CD- oder DVD-Playern, Verstärker, Digitalreceiver, Fernsehgerät oder Telefon – all diese Geräte können in der Regel keine übermäßigen Spannungsspitzen verkraften. Es kommt zu inneren Überschlägen und/oder Durchschmelzungen infolge punktueller Überhitzung. Das führt meist zum Totalausfall, aber auch eine mehr oder weniger deutliche Klang- oder Bildstörung kann die Folge sein.

Schutzgeräte oder Geräteversicherung?

Wenn Überspannungsschutz-Geräte ungeeignet sind, etwa weil sie wenig wirksam konstruiert wurden, erfährt man das im Gegensatz zu allen anderen elektrischen und elektronischen Geräten erst dann, wenn es zu spät ist. Die Erfahrungen bestätigen, dass diese Überlegung für die Praxis auch wirklich bedeutsam ist. So wird in [2] festgestellt, dass zahlreiche Überspannungsschutz-Geräte elektrische und konstruktive Mängel aufweisen. Der Schutzpegel, den der Hersteller angibt, sei bei diesen Geräten wesentlich geringer als der praktisch erreichte Schutzpegel. Der Verbraucherschutz sei völlig überfordert, wenn er Überspannungsschutz-Geräte testet und beurteilt.

„Erfahrungsgemäß sterben bei einem Blitzeinschlag sehr viele mit Überspannungsschutz-Geräten geschützte elektronische Geräte. Konnte ein Überspannungsschutz-Gerät die Zerstörung eines elektronischen Geräts nicht verhindern, kann in der Regel vom Hersteller des Überspannungsschutz-Geräts kein Schadenersatz gefordert werden." [2]

Der Hersteller kann lediglich dann belangt werden, wenn er unrichtige technische Daten angegeben hat, was dann zu beweisen wäre.

„Der Verbraucher fährt meist am besten, wenn er sich das Geld für zweifelhafte Überspannungs-Schutzmaßnahmen spart und eine Versicherung abschließt, die preisgünstiger ist als die Realisierung eines Blitzschutzzonen-Konzepts. Im Blitzeinschlagsfall werden von einer guten Versicherung ... fast alle Sachschäden ersetzt, die durch Blitzeinwirkung entstanden sind. Bei einem direkten Blitzeinschlag reguliert die Gebäudebrandversicherung den Blitzsachschaden, und die infolge eines nahen oder fernen Blitzeinschlags entstandenen Schäden an elektronischen Geräten werden der Hausratsversicherung gemeldet." [2]

Man erkundige sich bei seiner Versicherung nach dieser sogenannten Blitz-, Elektronik- oder Geräteversicherung!

Ableiter und Anforderungen

Ableiter

Ableiter ist die allgemeine Bezeichnung für Bauelemente, Komponenten oder Geräte zum Überspannungsschutz. Hier gibt es leider eine ganze Reihe ähnlich klingender Begriffe, wie **Blitzstromableiter**, **Überspannungsableiter**, **Überspannungsbegrenzer**, Überspannungsschutz-Einrichtung, **Überspannungsschutz-Gerät** oder **Überspannungs-Schutzvorkehrung**, die verschieden angewendet und definiert werden können.

Nach [1] ist ein Ableiter ein Überspannungsschutz-Gerät (engl. surge protection device, SPD), welches im Wesentlichen aus (Lösch-)Funkenstrecken, spannungsabhängigen Widerständen, speziellen Dioden oder Kombinationen aus diesen Bauteilen besteht. Jedoch sind nicht all diese Bauelemente zwingend erforderlich.

Grundsätzlich ist die Wortwahl mit „Überspannungsschutz" zu begrüßen, da hierin die primäre Aufgabe besteht (das Ableiten ist nur Mittel zum Zweck).

Weniger glücklich scheint die Bezeichnung Überspannungsableiter (engl. surge arrester), da sich nur ein Strom, nicht aber eine Spannung ableiten lässt.

Grob-, Mittel- und Feinschutz

Überspannungsschutz-Geräte werden für den Einsatz in Wechselstromnetzen mit Nennspannungen bis 1.000 V nach [1] wie folgt unterschieden:

– *Blitzstromableiter* – kurz **B-Ableiter** genannt – entsprechen der **Anforderungsklasse B** nach DIN V VDE V 0100-534 (nach IEC: Ableiter der Klasse I) und leiten bei Nah- und Direkteinschlägen den Blitzstrom in die Erdungsanlage ab (Grobschutz). Sie werden üblicherweise in unmittelbarer Nähe zur Eintrittsstelle der Niederspannungs-Versorgungsleitung (Hausanschlussleitung) in das Gebäude platziert.

– *Überspannungsableiter* der **Anforderungsklasse C** (nach IEC: Ableiter der Klasse II) – kurz **C-Ableiter** genannt – werden in einem Verteiler der festen Gebäudeinstallation eingebaut, um als zweite Stufe des gestaffelten Anlagenschutzes (Mittelschutz) die Restblitzspannung von vorgeordneten Blitzstromableitern zu reduzieren. Außerdem schützen sie die feste Elektroinstallation vor Störungen durch eingekoppelte Ferneinschläge und in der Anlage erzeugte Überspannungen.

– *Überspannungsableiter* der **Anforderungsklasse D** (nach IEC: Ableiter der Klasse III) – kurz **D-Ableiter** genannt – dienen dem Schutz einzelner Verbraucher oder Verbrauchergruppen (Feinschutz). Sie besitzen oft einen (akustischen) **Kennmelder** für das Ansprechen.

Demnach kann man die Anforderungsklassen B und C als für den Anlagenschutz und die Anforderungsklasse D als für den Geräteschutz zuständig ansehen.

Aufbau der Ableiter

B-, C- und D-Ableiter unterscheiden sich grundsätzlich in ihrem typischen Aufbau.

B-Ableiter können direkte Blitzströme führen und basieren in der Regel auf einer hermetisch verkapselten Trennfunkenstrecke. Es gibt verschiedene Typen – und Bezeichnungen. Recht bekannt ist der **Gasableiter**, den man u. a. auch **Gaspille** nennt.

Der **Metalloxidableiter**, kurz **MO-Ableiter**, besitzt keine Funkenstrecke, ist aber in entsprechender Ausführung für jede Anforderungsklasse geeignet. Bevorzugt findet man ihn jedoch auf C- und D-Ebene. Es handelt sich um einen **Varistor**, einen nichtlinearen Widerstand. Man trifft auch die Abkürzungen VDR und MOV.

Ein solcher Varistor ist ein scheibenförmiges Bauelement mit zwei Anschlüssen. Je größer dieses Bauelement ist, umso größer ist auch der mögliche Ableitstoßstrom. Allein durch Größenvergleich kann man also qualitativ auf das Schutzvermögen schließen. Ein weiterer Kennwert ist die Ansprechspannung.

Als gute Ergänzung einer Funkenstrecke oder eines Varistors hat sich die **Suppressor-Diode** erwiesen. Suppressor bedeutet Unterdrücker. Dieses Bauelement zeichnet sich durch schnelles Ansprechen, kleine Bauform, hohe Leistungsaufnahme und niedriges Begrenzungsniveau aus. Damit ist dieses Halbleiterbauelement optimal zum Schutz sensibler elektronischer Systeme und Geräte geeignet. Man trifft hier auf die Abkürzungen TAZ- und TVS-Diode.

Hintergrund-Info:
Vorsicht, Vorschriften?

Der Laie sieht in Vorschriften im Bereich der Technik, wie etwa den Normen zum Überspannungsschutz, eine gute, sinnvolle und wichtige Leistung.

Er begrüßt diese daher meist uneingeschränkt und nimmt kaum eine distanziert-kritische Haltung ein. Diese wäre jedoch in manchen Fällen durchaus gerechtfertigt. Mit den folgenden Zitaten aus [2] soll dies belegt und damit der Darstellungshorizont des Themas „Vorschriften/Normen" für die Öffentlichkeit erweitert werden.

„Sehr früh haben verschiedene Hersteller erkannt, dass die Mitarbeit in Normengremien besonders lukrativ ist. Vor allem dann, wenn der Hersteller Texte in neue Normen einbringen kann oder gar Normen selber so verfasst, dass sie sich verkaufsfördernd auf seine Produkte auswirken. Dient eine neue Norm nur zum Wohl der Allgemeinheit oder nur zur Harmonisierung, sind die meisten Hersteller nicht mehr bereit, an Normenvorhaben mitzuarbeiten.

Ein typisches Beispiel dafür sind die 230-V-Schutzkontakt-Steckvorrichtungen, die auf Grund der zu großen Herstellerlobby leider nicht harmonisiert wurden. Die Harmonisierung versprach bei diesen Produkten keine zusätzlichen Gewinne für die Hersteller, sondern vermutlich nur zusätzliche Kosten und ist somit unter den Tisch gefallen."

Während einerseits sinnvolle Normungen nicht durchsetzbar sind, kommt es auf der anderen Seite zu fragwürdigen Normen – nämlich dann, wenn dadurch eine Gewinnerhöhung in Aussicht steht:

„Das Paradebeispiel für ein umsatzsteigerndes Normvorhaben in punkto Blitzschutz ist der Entwurf der VDE 0100 Teil 534, der vorsieht, dass Überspannungsschutz-Einrichtungen auf eine besondere Art und immer dreistufig in den elektrischen Anlagen einzusetzen sind, um einen wirkungsvollen Überspannungsschutz zu erreichen.

Durch den mehrstufigen Einsatz der Schutzeinrichtungen kann sich selbstverständlich auch der Herstellerumsatz wesentlich erhöhen. Wen wundert es da noch, wenn einige Hersteller in solche Normungsvorhaben Millionen investieren?"

Diese Zitate dürften deutlich gemacht haben, dass es beim praktischen Überspannungsschutz sinnvoll ist, sich umfassend zu informieren.

Schützen mit Verstand

Ob und wie ein Überspannungsschutz erfolgen soll, will gut überlegt sein. Der dreistufige Schutz nach Vorschrift scheint nicht immer optimal: „Wesentlich wirkungsvoller und preisgünstiger als der mehrstufige Einsatz von Überspannungsschutz-Einrichtungen der Anforderungsklassen B, C und D wäre zum Beispiel bei Neuanlagen, in denen nur EMV-konforme Geräte zum Einsatz kommen, der alleinige Einsatz von Überspannungsschutz-Einrichtungen der Anforderungsklasse B im Hauptstromversorgungssystem. ...

Durch Überspannungsschutz-Einrichtungen der Anforderungsklasse B, die auf max. 900 V begrenzen, wird ein höchst wirkungsvoller Blitzschutz für jedermann erschwinglich, weil nahezu alle weiteren Schutzgeräte der Anforderungsklasse C und D entfallen können. ...

Bei dem mehrstufigen Überspannungsschutz kommt erschwerend hinzu, dass die Überspannungsschutz-Einrichtungen entkoppelt werden müssen, um zu funktionieren." [2] **EMV** steht für elektromagnetische Verträglichkeit. Das EMV-Gesetz (**EMVG**) harmonisiert elektrische Einrichtungen und ihre elektromagnetische Umgebung.

Zum Glück verhält es sich mit dem Überspannungsschutz ähnlich wie mit dem Blitzschutz im privaten Bereich: Irgendwelche Überspannungsschutz-Einrichtungen sind nicht zwingend erforderlich, sondern können lediglich auf Wunsch des Stromkunden von einem Fachbetrieb oder in Eigeninitiative vorgesehen werden – selbstverständlich immer unter Beachtung aller Sicherheitsvorschriften und der **TAB**, der Technischen Anschlussbedingungen für den Anschluss an das Niederspannungsnetz. Hiernach sind Überspannungsschutz-Einrichtungen der Anforderungs-klasse B nur dann im Bereich vor dem Zähler – wo sie am wirksamten sind und normaler-weise hingehören – zulässig, wenn der Elektroplaner dies für unumgänglich hält. Das ist im Wohnbereich in aller Regel nicht der Fall.

Wenn aber kein B-Ableiter vorhanden ist, dann lohnt sich auch ein C-Ableiter – er wird nach dem Zähler ins Netz integriert – kaum, da dieser nicht blitzstromtragfähig ist. Und

Überspannungs-schutz-Modul mit akustischer Defektmeldung zum Einbau in Schuko-Steckdosen.

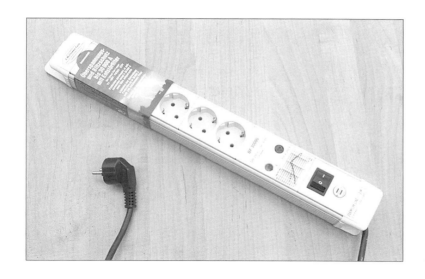

Sechsfach-
Netzleiste
BF 3000 von
Brennenstuhl
mit integriertem
Entstörfilter und
Überspannungs-
schutz bis 30 kA.

wenn es weder einen B- noch einen C-Ableiter gibt, dann kann natürlich auch ein D-Ableiter keinen umfassenden Schutz bieten. Es lohnt sich also, dieses Thema näher zu beleuchten.

Mehr über D-Ableiter

Weithin unbekannt ist die Tatsache, dass alle elektrischen und elektronischen Geräte, die nach 1998 produziert und in Deutschland legal verkauft wurden, vom Gesetz her einen eingebauten Überspannungsschutz besitzen müssen. Dieser ist in der Regel sogar noch wirkungsvoller als ein üblicher externer D-Ableiter!

Daraus folgt: *Eine Überspannungs-Schutzmaßnahme der Anforderungsklasse D ist nur für vor 1998 produzierte oder im Ausland erworbene Geräte ohne internen Schutz sinnvoll.*

Denkt man aber über die Schutzbedürftigkeit älterer Geräte nach, so sollte man deren bereits hohen Wertverfall infolge technischer Neuerungen sowie deren Robustheit gegen Überspannung infolge weniger filigraner Schaltungsstrukturen berücksichtigen.

Das alles führt unweigerlich zu der Erkenntnis, dass Überspannungsschutzprodukte der Anforderungsklasse D praktisch wohl kaum so notwendig und sinnvoll sind, wie es die Werbung zuweilen suggeriert.

Die wichtigsten Vertreter dieser Produktpalette sind **Zwischenstecker** (auch **Adapter** genannt) und **Netzleiste** (Steckdosenleiste).

41

Praktische Schutzmaßnahmen für jedermann

Was schützen?

Besonders wenn Sie *hochwertige Audio- und Videokomponenten ohne internen Überspannungsschutz* besitzen, sollten Sie sich Gedanken zum Schutz Ihrer Anlage vor Blitzschlag bzw. Überspannung machen. Solche Schäden können in die Tausende gehen und sind meist nicht von der üblichen Hausrat- oder Wohngebäudeversicherung abgedeckt. Diese Versicherungen haften meist nur für die bei direktem Blitzeinschlag auftretenden Brand-, Seng- und Trümmerschäden. Elektronische Geräte werden aber meist durch Überspannungen in der Stromleitung oder in anderen Leitungen intern (von außen unsichtbar) beschädigt. In solchen Fällen hilft nur eine spezielle Zusatzversicherung, wie sie von den einzelnen Versicherern unter verschiedenen Bezeichnungen angeboten wird.

Aber auch andere Anschlüsse, wie die *Telefonleitung* oder das *Antennenkabel* (Antennensteckdose) sollte man in das Schutzprogramm einbeziehen. Auch diese Anschlüsse zählen zu potenziellen Überspannungs-Gefahrenquellen.

Wo schützen?

Am sichersten ist der Schutz durch Überspannungsschutz-Geräte, wenn diese so nahe am zu schützenden Gerät wie möglich angeordnet werden. Warum? Nun, je kürzer die Leitung zwischen Schutzbaugruppe oder -gerät und zu schützendem Gerät, um so geringer ist die Spannung, welche in diese Leitung bei Blitzschlag induktiv eingekoppelt wird. Diesen Effekt der induktiven Kopplung sollte man nicht unterschätzen. Er bedeutet ganz einfach wegen des extrem hohen Blitzstoßstroms auch eine unerwartet hohe Spannungsspitze besonders auf Leitungen in Nähe und parallel der Ableitung des Blitzschutzsystems.

Einfache Schutzmaßnahmen

Der einfachste und wirksamste Schutz ist der schon von den Großeltern praktizierte: Das Gerät wird bei Gewitter einfach von allen Leitungen, insbesondere der Netzleitung, ge-

Die Brennenstuhl-Netzleiste weist hochwertige Parameter auf und besitzt ein Filter, welches bei 10 MHz mit 70 dB seine maximale Dämpfung erreicht.

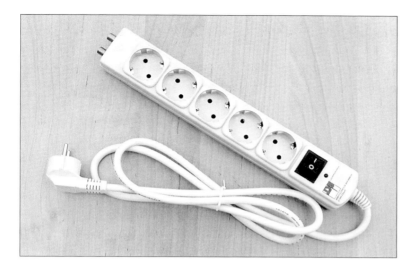

Die Netzleiste MD 1005-14 von Spreewald-Communication ist für 2×4,5 kA ausgelegt und spricht in 8/20 µs an.

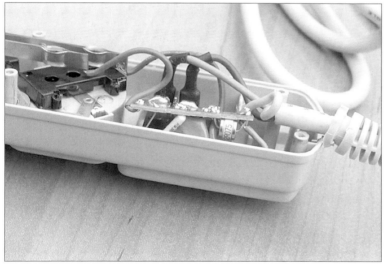

Die MD 1005-14 besitzt, wie hier halbverdeckt sichtbar, zwei Varistoren und einen Gasentladungs-Ableiter sowie eine Überwachung der Schutzschaltung mit Thermosicherungen.

trennt. Früher gab es da noch den am Haus angebrachten Hebel zur Antennenfreischaltung ...

Diese Schutzmaßnahme ist simpel und hochwirksam zugleich. Sie bietet auch beim Direkteinschlag Schutz, was man von den geräteinternen oder externen Schutzeinrichtigen nicht erwarten darf. Um die Maßnahme recht bequem durchführen zu können, fasst man möglichst viele Geräte an einer einfachen Steckdosenleiste zusammen, deren Stecker man dann zieht. Elegant erscheint eine Steckdosenleiste mit Schalter, doch Achtung: Der Schalter könnte nur einphasig trennen, und eine hohe Spannung könnte den Schalter „überspringen". Das sollte man nicht riskieren.

Bei modernen Geräten gehen durch Trennung vom Netz eventuell wichtige Einstellungen verloren, wie etwa die Zeiteinstellung

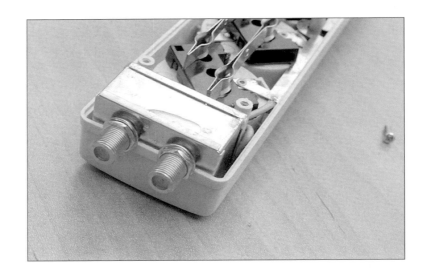

Das RFI-EMI-Filter in der Antennenleitung des MD 1005-14 ist selbstverständlich voll metallisch gekapselt.

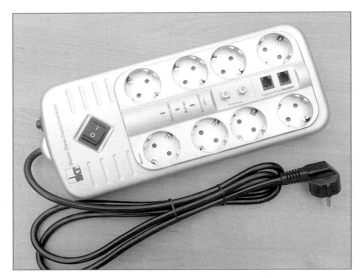

Master-Slave-Steckdosenleiste MD 1008 von Spreewald-Communication. Mit einem rechts angeschlossenen Gerät (min. 30 W) werden automatisch die anderen angeschlossenen Geräte ein- oder ausgeschaltet. Dieses Produkt schützt neben der Netzleitung (4,5 kA, 8/20 μs) auch Antennen- und Telefonleitung und besitzt ein ein RFI-EMI-Filter sowie drei Kontroll-Leuchtdioden.

beim Videorecorder. Das muss man natürlich berücksichtigen. Notfalls macht man sich einen „Spickzettel" für das leichte Wiederherstellen der Einstellungen.

Netzleiste und Steckdose

Ist das rechtzeitige konsequente Trennen von Netz und Antenne nicht immer möglich, dann kann man über den Einsatz einer speziell ausgestatteten Netzleiste nachdenken. Eine gute Standard-Netzleiste ist die Brennenstuhl BF 5000. Möglicherweise die weltweit beste Netzleiste ist die HMS Energia, ein nicht ganz billiges Produkt. Doch wer die Kosten nicht scheut, bekommt mit dem hier realisierten Energia-Stromschutzkonzept eine Spitzenlösung für Audio- und Video-Komponenten [3].

Netzanschlussleisten in verschiedenen Ausführungen können Sie beispielsweise von den bekannten Elektronik-Versandfirmen, wie

44

Zwischenstecker von Brennenstuhl, wie ihn Reichelt anbot. Er zeichnet sich durch extrem schnelle Ansprechzeit (25 ns) aus und verträgt 4,5 kA Blitzstrom. Eine Kontrollleuchte ist vorhanden.

Schutzgeräte-Kauftipps

Bei der Beschreibung der technischen Leistungsfähigkeit von Schutzgeräten haben die Hersteller einigen Gestaltungs-, um nicht zu sagen Manipulationsspielraum. Die Spannung, auf welche Varistoren begrenzen, steigt mit dem Strom. Durch Zugrundelegen niedriger, unrealistischer Stromwerte, wie z. B. 50 A, kann daher eine hohe Schutzwirkung vorgegaukelt werden.

Für den Laien ist die technische Leistungsfähigkeit solcher Geräte weder anhand der Herstellerangaben noch anhand des Innenaufbaus genau zu durchschauen. Er orientiert sich daher besser an Hersteller und Preis. Billige Produkte aus Fernost sind in aller Regel europäischen Markenprodukten deutlich unterlegen.

„Bei der Auswahl geeigneter Überspannungsschutz-Geräte ist zu beachten, dass diese eine tiefe **Querspannungsbegrenzung** ermöglichen. Das heißt, vor allem die symme-

Blick auf das Typenschild des Adapters von Brennenstuhl.

Conrad Electronic oder Westfalia Technica, beziehen. Wenn man eine 230-V-Leitung mit Steckdosen selbst installiert, etwa als Erweiterung der vorhandenen Installation, dann kann man auch eine **Steckdose mit Überspannungsschutz** vorsehen. Diese Steckdose schützt dann Geräte an in der Installation folgenden normalen Steckdosen mit!

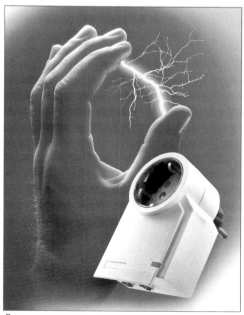

Überspannungsprodukte von Phoenix, wie diesen Zwischenstecker, gibt es bereits für wenig Geld.

Ausgezeichnet mit dem IF Design Award wurden diese Überspannungsschutz-Geräte von Phoenix, die Zwischenstecker Maintrap sowie die Netzleiste Combitrab.

◄

trisch auftretenden Überspannungen zwischen Außenleiter und Neutralleiter müssen besonders tief begrenzt werden. Der Grund dafür ist, dass viele elektronische Geräte zwischen ihrem Außen- und Neutralleiteranschluss nur eine sehr geringe Spannungsfestigkeit aufweisen. Zum Beispiel kann das Schaltnetzteil eines alten PCs schon von einer Überspannung

Die schlicht wirkende Netzleiste „Master-Slave" mit Netzfilter von Ehmann reagiert einstellbar ab 15 W Master-Leistung (Nennableit-Stoßstrom 2,5 kA, max. Ableitstoßstrom 6,5 kA).

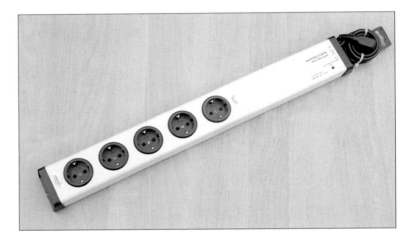

Diese Geräteschutzleiste von Ehmann schützt auch ISDN-Geräte durch zwei interne UAE-Überspannungsschutz-Einheiten (Nennableit-Stoßstrom 2,5 kA.

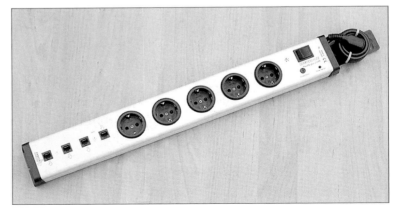

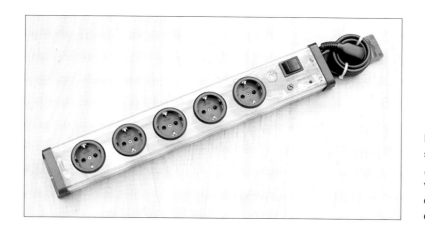

Die Geräte-
schutzleiste
„Akustik plus"
von Ehmann im
durchscheinen-
den Gehäuse.

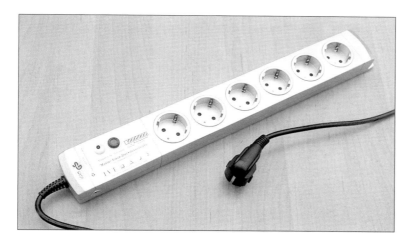

Im eleganten
Silber kommt die
Master-Slave-
Netzleiste mit
Überspannungs-
schutz von IVT
daher. Der Ein-
stellbereich ist 7
bis 75 W.

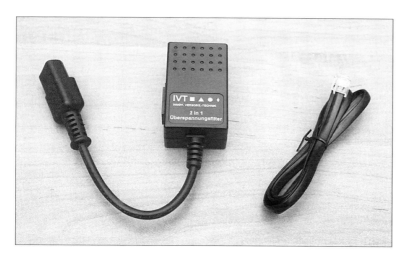

Netz- und ISDN-
Schutz in un-
gewöhnlicher
Ausführung. Der
„2 in 1 Überspan-
nungsschutz"
SP 251 von IVT
war bei Conrad
erhältlich.

zerstört werden, die weit unter 1.000 V liegt, wenn diese symmetrisch zwischen den beiden zuvor genannten Leitern auftritt." [2]

Wer technisch interessiert ist, sollte nach Möglichkeit einen Blick in das Überspannungsschutzprodukt werfen. Dort drinnen sind nämlich Schaltungen mit deutlich verschiedenem Aufwand (zwei bis zehn Bauelemente) zu finden. Neben der Schaltung entscheidet die Auswahl der Bauelemente (Qualität, Kennwerte) über die Wirksamkeit des Schutzes. Da die Untersuchung vor dem Kauf oft nicht möglich und die Bedeutung dieser Produkte nicht so hoch ist wie oft dargestellt, soll auf Einzelheiten verzichtet werden. Nur soviel: Die meisten Geräteschäden entstehen durch symmetrisch eingekoppelte Überspannungen. Daher sollten zwei Varistoren eingebaut sein (Anschluss beider direkt oder über Gasableiter am PE-Leiter). Die Varistoren sollten grundsätzlich für nicht wesentlich mehr als 300 V Wechselspannung ausgelegt sein.

Noch ein Hinweis zum Thema Zwischenstecker von der Netzseite her: Der Zwischenstecker der Firma Kopp ist mit einem Varistor, einem Gasableiter und einer Sicherung ausgestattet. Hiervon gibt es auch eine Ausführung, bei der auch die Antennenleitung mit in den Überspannungsschutz einbezogen wird.

In ihrer Ausgabe 16/2004 hat die Zeitschrift „Computer-Bild" 19 Überspannungsschutz-Geräte getestet. Im Test befanden sich Geräte mit und ohne zusätzliche Anschlüsse für Telefon, Modem oder Computernetzwerk. Die Geräte mussten extreme Überspannungen von bis zu 6 kV auf sich nehmen. Erfreulich:

Der Netzadapter Trabtech von Phoenix ist recht unauffällig, aber wirksam. Solche Adapter werden von Conrad angeboten.

Bei allen Kandidaten funktionierte der Schutz auch danach noch. Testsieger Belkin Surge Master und Preis-Leistungs-Sieger Düwi Überspannungsfilter EMP600 erhielten noch 2 kV drauf. Selbst bei 8 kV funktionierte der Schutz noch zuverlässig. Keines der angeschlossenen Geräte wurde beschädigt.

Der Testsieger und die zweitplazierte Steckdosenleiste SKT MD1008 haben einen Sicherungsautomaten eingebaut. Hier unterbricht eine Feder bei zu hohem Strom die Leitung, indem sie die Sicherung herausspringen lässt. Ein optimaler Schutz, der im Test hervorragend wirkte. Bei anderen Geräten findet man Feinsicherungen.

1. Platz:	Belkin	Siebenfach-Surge-Master-Steckerleiste	sehr gut
2. Platz:	SKT	Master-Slave-Steckdosenleiste MD1008	gut
3. Platz:	Düwi	Überspannungsfilter EMP600	gut
4. Platz:	REV	Supraguard TV-HiFi Profi Adapter	gut
5. Platz:	Brennenstuhl	Premium-Line vierfach BF30000	gut
6. Platz:	Kopp	Multiversal XXL Safetronic	gut
7. Platz:	Kopp	Multicontact Safetronic	gut
8. Platz:	REV	Supraguard Geräteschutzleiste Typ 17x7	gut
9. Platz:	Phoenix Contact	Trabtech MNT-TV	gut
10. Platz:	Phoenix Contact	Trabtech CBT-TV	gut
11. Platz:	Phoenix Contact	Trabtech CBT-TV-	gutSat
12: Platz:	SKT	Steckdosenleiste MD 1005-14	gut
13. Platz:	Inter Union	Unitec-Geräteschutzleiste	gut
14. Platz	OBO	Fine Controller FC-TV-D	befriedigend
15. Platz	Phoenix Contact	Trabtech MNT-TV-Sat	
16. Platz	OBO	Fine Controller FC-Sat-D	befriedigend
17. Platz	GEV	Lightboy Protect TV	befriedigend
18. Platz	Popp	Safety-Box TV Zwischenstecker	befriedigend
19. Platz	Brennenstuhl	Überspannung und Blitzschutz SP TV	ungenügend

Netz- und Antennenschutz kombinieren!

Wie bereits erläutert, ist die Schutzwirkung von Überspannungsschutz-Geräten der Anforderungsklasse D, wie den speziellen Netzleisten oder Steckdosen, begrenzt, wenn Schutzmaßnahmen auf höherer Ebene fehlen. Davon ist im Wohnbereich aber auszugehen, denn in aller Regel erteilt der örtliche Energieversorger hier keine Genehmigung für den Einsatz von Überspannungsschutz-Einrichtungen vor dem Zähler. Ein kombinierter Geräteschutz für empfindliche elektronische Geräte mit Antennenanschluss erhöht deren Sicherheit. Er schützt vor Überspannungen aus dem 230-V-Netz und auf dem Antennenkabel.

Man kann zusätzlich zur gewöhnlichen Netzleiste oder Steckdose mit Überspannungsschutz ein sogenanntes **Blitzschutzfilter** in die Antennenleitung schalten. Für Satellitenanlagen gibt es grundsätzlich zwei Typen für das Koaxialkabel: gasgefüllte Patronen z. B. der Firma Phoenix, die meist bei 90 V ansprechen (man baut sie vorteilhaft über einen F-Erdungsblock ein), sowie Transildioden, die beispielsweise von Axing stammen. Es ist zu empfehlen, beide Typen zu verwenden.

Oder man benutzt eine Netzleiste mit einem integrierten Antennen-Blitzschutzfilter. Für Geräte mit Antennenanschluss empfiehlt sich beispielsweise die Leiste Brennenstuhl SP TV. Den antennenseitigen Schutz bewirkt dabei meist ein Varistor. Er hat sich hier bewährt und begrenzt wesentlich besser als ein Gasableiter. Vom Entwickler des Filters zu beachten ist jedoch seine hohe Eigenkapazität. Daher muss eine (induktive) Frequenzkompensation mit vorgesehen werden. Jeder im Umkreis von ca. 1 km auftretende Blitz verursacht nach hama eine immense Schockwelle an elektromagnetischen Feldern, die in Leitungen und Geräten hohe Spannung induzieren kann. Dabei sind die Koaxialleitungen der Antennenkabel besonders prädestiniert, derartige Induktionsspitzen einzufangen, da der abschirmende Außenleiter eine hervorragende Senke für diese Induktionsspannungen ist.

Daher sind auch die Geräte am meisten gefährdet, die mit diesen Kabeln an außen angebrachten Antennen verbunden sind. Am sinnvollsten ist der Überspannungsschutz an der Stelle platziert, an der die Antennenleitung von außen zum erstenmal auf ein elektronisches Gerät im Innenbereich trifft, sei es ein Verstärker, Weiche, Multischalter oder der Receiver. Dort wird der Überspannungsschutz einfach zwischen Antennenleitung und Gerät geschaltet. Eine geringe mögliche Einfügedämpfung (unter 1 dB) erlaubt es aber auch, in einer größeren Verteilerkette mehrere dieser Überspannungs-Schutzglieder einzubauen, selbstverständlich wird hierbei die Schutzfunktion vergrößert.

Aller guten Dinge sind drei

Doch damit noch nicht genug: „Die Erfahrung lehrt, dass viele Fernseher, Videorecorder, Satellitenreceiver usw. infolge von Blitzeinwirkungen sterben, obwohl ein handelsüblicher Kombi-Überspannungs-Schutzadapter angeschlossen ist. Bei Blitzbeeinflussung entsteht eine hohe Potentialdifferenz zwischen dem geerdeten Antennenträger und dem Netzschutzleiter der 230-V-Steckdose, von der aus diese Heimelektronik mit der Netzspannung versorgt wird. Typisch ist ein Spannungsabfall von mehreren 10.000 V pro Meter Leitung. Die vom Spannungsabfall verursachten Potentialdifferenzen können zwischen der Antennen- und Netzsteckdose einige 10.000 V betragen. Um einen guten Überspannungsschutz zu realisieren, ist zunächst auf dem kürzest möglichsten Weg und in unmittelbarer Nähe der zu schützenden Elektronik eine Verbindung zwischen dem Leitungsschirm des Antennenkabels und dem Netzschutzleiter (PE) herzustellen." [2]

Man stemmt also in der Praxis einen kleinen Kanal zwischen der Antennensteckdose und der Netzsteckdose, an welcher die Geräte angeschlossen werden. Dabei ist es natürlich sinnvoll, dass hierfür die Netzsteckdose genutzt wird, welche der Antennensteckdose am nächsten liegt. In den Kanal gipst man eine dreiadrige Installationsleitung oder einen gelb-grünen Volldraht 2,5 m^2 ein und verbindet mit deren gelb-grünen Schutzleiter den Masse-Anschluss der Antennensteckdose

Dieser Zweifach-F-Erdungsblock wurde von Conrad und Westfalia angeboten.

und den PE-Anschluss der Netzsteckdose. Gibt es keine Antennensteckdose, kann man für das Antennenkabel beispielsweise einen Erdungsblock verwenden. Es sollte bis zu diesem zur Antenne hin dann fest verlegt sein. Diese Maßnahme verstößt nicht gegen die Vorschrift, welche die Einbindung des PE-Leiters in eine Erdungsanlage untersagt, denn es handelt sich hier um einen Potentialausgleich.

Der wirkungsvollste Dreifachschutz besteht also aus Überspannungsschutz auf Netz- und Antennenleitung sowie dem geschilderten Potentialausgleich.

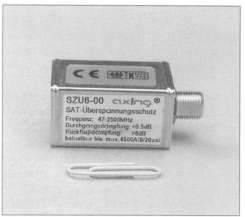

Das Blitzschutzfilter „Sat" von hama wird einfach zwischen Antenne und Receiver geschaltet und ergänzt Erdung sowie netzseitigen Überspannungsschutz.

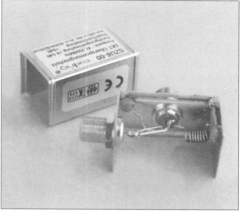

Das geöffnete Filter. Man erkennt nicht nur den Varistor, sondern auch die Frequenzkompensations-Maßnahme. Damit ist das Filter im Bereich 47 bis 2.200 MHz bei 0,5 dB Einfügedämpfung einsatzfähig.

Antennen-Überspannungsschutz für Sat-Anlagen, Kabelanschluss und terrestrischen Empfang von hama für 5 bis 2.400 MHz. Hier fungiert ein Gasableiter als Spannungswächter: Übersteigt die Spannung zwischen Seele und Schirm mehr als 200 V, erzeugt die Gasstrecke einen reversiblen Kurzschluss für Stoßströme bis 8 kA. Die Dämpfung beträgt ca. 1 dB. Das massive Metallgehäuse garantiert nicht nur ein Class-A-taugliches Schirmungsmaß von mehr als 90 dB, sondern erlaubt auch dank integrierter Dichtringe die Außenmontage (Art.-Nr. 44262).

Schutz von Telekommunikationsanlagen

Sinnvoll?

Bei ein bis fünf Blitzeinschlägen pro Jahr und Quadratkilometer – so die Statistik für Deutschland – und angesichts der Tatsache, dass das Telefonnetz ein großflächiges Netz ist, also viele Quadratkilometer abdeckt, ist hier mit häufigen Überspannungs-Einkopplungen zu rechnen.

Weitgehend unbekannt ist jedoch, dass in vielen Telefonapparaten und Tk-Anlagen bereits Varistoren für den Überspannungsschutz eingesetzt sind.

Wenn man ein solches Endgerät öffnet und sich den Eingangsbereich genauer anschaut, dann findet man diese Bauelemente (etwa mit der Bezeichnung S10K130) leicht.

Bevor man über externe Schutzmaßnahmen nachdenkt, sollte man sich diese unbedingt Mühe machen. Eine weitere Schutzmaßnahme bedeutet an einem bereits geschützten Gerät nämlich praktisch keinen Vorteil, im Gegenteil: Da der Blitzstrom durch beide Maßnahmen nun flacher verläuft, könnte weder der externe noch der interne Schutz optimal ansprechen und das Gerät beschädigt werden!

Trotzdem wird dieser sogenannte unkoordinierte Schutz gar nicht so selten praktiziert.

Schutzgeräte-Auswahl

Man kann bei diesen Schutzgeräten zwischen drei Grundkonstruktionen unterscheiden:
– Zwischenstecker für den Netzanschluss
– Anschlussdosen mit integriertem Schutz
– frei konfigurierbare Schutzgeräte zur Montage auf einer Tragschiene

Die Zwischenstecker und Anschlussdosen können vom Kunden leicht selbst eingesetzt werden.

Bei der Auswahl eines Überspannungsschutz-Geräts für die Telefonleitung ist die Spannung auf dieser Leitung zu beachten. Die höchste Spannung auf einer analogen Telefonleitung beträgt etwa 110 V Spitze. Es handelt sich um die Amplitude der Rufsignalspannung. Die Nennspannung des Schutzgeräts sollte für beste Schutzwirkung nur unwesentlich über 110 V liegen.

Weiterhin ist der vom Schutzgeräte-Hersteller angegebene **Schutzpegel** (ebenfalls eine Spannungsangabe) zu beachten, der sich allerdings meist nur auf den Nennableitstrom eines Überspannungsschutz-Geräts bezieht. Dieser Nennableitstrom wird gern recht gering gewählt, weil dann auch ein guter Schutzpegel (geringe Spannung) angegeben werden kann. In der Praxis wirkt sich das dann so aus, dass der real erreichte Schutzpegel ganz ungefähr 50 % höher als der angegebene ist.

„Aber nicht nur ein höherer, sondern auch ein geringerer Stoßstrom kann einen wesentlich höheren Schutzpegel bewirken. Der Grund dafür ist, dass bei geringer Belastung der Gasableiter im Überspannungsschutz-Gerät nicht voll durchzündet und somit der nachgeschaltete Varistor oder die nachgeschaltete

Diode wesentlich stärker beansprucht wird. Dass sich der Schutzpegel eines Überspannungsschutz-Geräts bei kleinen Strombeanspruchungen um ein Mehrfaches der angegebenen Werte erhöhen kann, verschweigen die Hersteller, indem sie nur den geschönten Schutzpegel angeben, der sich beim Fließen des sogenannten Nennableit-Stroßstroms einstellt." [2]

Der maximale Strom auf einer analogen Telefonleitung beträgt etwa 30 mA. Das ist wenig im Vergleich zur Strombelastbarkeit geeigneter Schutzgeräte, so dass dem Strom auf der Leitung keine Beachtung geschenkt werden muss.

Analoge Telefone

„Bevor man den Überspannungsschutz für eine analoge Telefonanlage plant, sollte man die Wirtschaftlichkeit der Schutzmaßnahme beachten. Zum Beispiel sind für den vollständigen Überspannungsschutz einer analogen Telefonanlage, an der vier Endgeräte angeschlossen sind, zwölf Überspannungsschutz-Geräte erforderlich." [2] Nun, unbedingt erforderlich sind diese zwölf Schutzgeräte nicht; man kann die Anzahl auch bei eingeschränkter Schutzwirkung oder kostenoptimiertem Konzept verringern, doch zeigt sich hier doch ganz

deutlich, dass ein hoher Aufwand erforderlich ist. Die Schutzgeräte wären folgendermaßen platziert:
– vier direkt an den Telefonapparaten
– vier in den gleichen Leitungen, aber direkt an der **Tk-Anlage**
– drei in den Amtsleitungen an der Tk-Anlage
– ein Überspannungsschutz-Netzzwischenstecker

Tk-Anlage ist die Abkürzung für Telekommunikationsanlage.

ISDN-Anlagen/ ADSL-Anschluss

ISDN steht für integrated services digital network, also Dienste integrierendes Digitalnetz. An eine ISDN-Anschlusseinheit (**IAE**) werden alle gängigen Geräte zusammen angeschlossen. Dabei unterscheidet man zwischen Basis-, Standard- und Einfachanschluss. Eine ISDN-Anlage kann mit ISDN-Telefonen, aber auch mit analogen Telefonen arbeiten, an denen dann natürlich nicht alle Leistungsmerkmale, wie Rufnummern-Anzeige eines Anrufers, zur Verfügung stehen.

„Für ISDN-Anlagen gilt das Gleiche wie für analoge Telefonanlagen. Obwohl die Netzabschlussgeräte für den ISDN-Basisan-

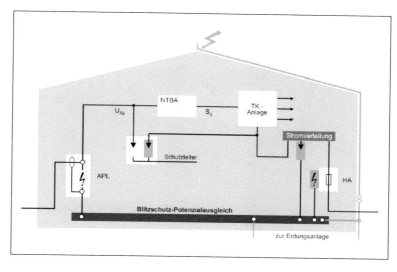

Vollständiger Blitz- und Überspannungsschutz einer Tk-Anlage (APL Anschlusspunkt der Linientechnik, HA Bereich des Hausanschlusses, Quelle: ABB).

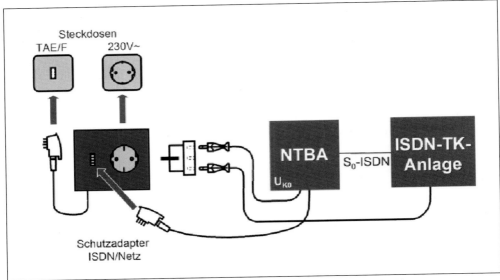

Anwendung steckbarer Schutzadapter in einer ISDN-Anlage (Quelle: ABB).

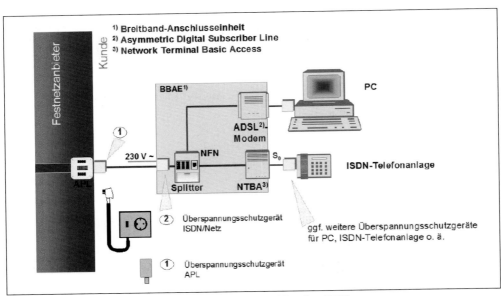

Überspannungsschutz für einen ADSL-Anschluss (Quelle: ABB).

schluss (**NTBA**) sehr spannungsfest sind und vermutlich mit dem EMV-Gesetz konform gehen, kommt es nach einem Blitznaheinschlag häufig zur Zerstörung der der **NT** nach-

geschalteten Eumex-Tk-Anlagen. Das heißt, eine Überspannung gelangt über den NT, ohne ihn zu beschädigen, zur Tk-Anlage. Erst die weniger spannungsfeste Eumex wird von dem

54

Überspannungsimpuls zerstört." [2] NT steht für network termination, also Netzendstelle. Von den oder einigen Eumex-Anlagen kann nicht auf weitere ISDN-Tk-Anlagen geschlossen werden. Es ist gut vorstellbar, dass der Hersteller dieser Anlagen diese Schwachstelle inzwischen erkannt und beseitigt hat.

„Für den Überspannungsschutz einer ISDN-Anlage werden häufig von Spezialisten sehr aufwendige und kostenintensive Schutzvorschläge unterbreitet, die deshalb meist unwirtschaftlich sind." [2] Bei dieser Kritik belässt es der Autor von [2] aber nicht, sondern beschreibt eine relativ einfache und preisgünstige Überspannungsschutz-Anordnung, die fast alle Schäden durch fernen oder nahen Blitzeinschlag verhindern kann. Sie basiert auf mit Überspannungsschutz versehenen

EINBAUHINWEISE
NT-Protector
Anwendung / Anschluss

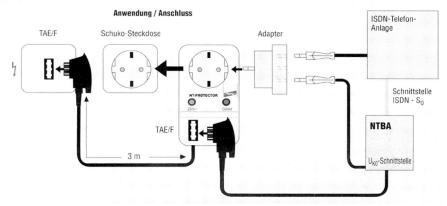

Kombi-Schutzgerät und Adapter zum Schutz einer ISDN-Telefonanlage (Quelle: Dehn + Söhne).

FAX-Protector TAE
Anwendung / Anschluss

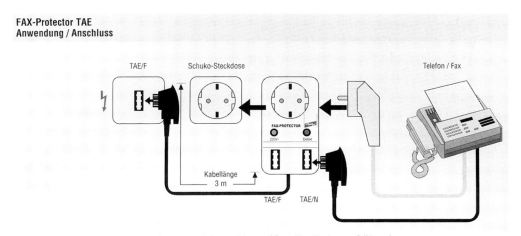

Fax-Protector TAE, Anwendung und Anschluss (Quelle: Dehn + Söhne).

Fax-Protector RJ 45, RJ 11/12, Anwendung und Anschluss (Quelle: Dehn + Söhne).

Netzzwischensteckern sowie Anschlussdosen an jedem ISDN-Telefon und Überspannungsschutz-Geräten an der Tk-Anlage. Die ABB führt in ihrer Publikation „Der Blitzschutz in der Praxis" zum Thema „Überspannungsschutz am ISDN-Basisanschluss" Folgendes aus: „Üblicherweise werden Schutzgeräte verwendet, bei denen der Überspannungsschutz für die Telekommunikationsleitung und für die Stromversorgungsleitung in einem Gerät integriert ist. Dieses wird an der Eingangsseite des NTBA eingesetzt und an die TAE-Steckdose angeschlossen. Das Schutzgerät wird in eine Schutzkontakt-Steckdose gesteckt und ist so über den Schutzleiter mit dem örtlichen Potentialausgleich verbunden. Es versorgt den NTBA und/oder die Telekommunikationsanlage über die integrierte Steckdose mit der ‚geschützten' 230-V-Netzspannung. Durch Einfügen einer 230-V-Mehrfach-Steckdosenleiste lässt sich die ‚geschützte' 230-V-Netzspannung auch für weitere Kommuni-

kationsgeräte, wie z. B. PC oder Fax-Gerät, nutzen. Das gleiche Schutzgerät kann für den Überspannungsschutz des **ADSL**-Anschlusses eingesetzt werden." Bei der ADSL (asymmetric digital subscriber line, asymmetrische digitale Anschlussleitung) handelt es sich um eine von Motorola entwickelte Spezialtechnik zur Übermittlung hoher Datenraten über die konventionelle Telefonleitung.

Mehrplatz-Anwendungen

Die Realisierung von Überspannungs-Schutzmaßnahmen bei Mehrplatz-Anwendungen muss von autorisierten Fachbetrieben durchgeführt werden.

Diese Schutzmaßnahmen sind durch die frei konfigurierbaren Schutzgeräte gekennzeichnet, welche man auf einer Tragschiene in einem Isolierstoffgehäuse findet. Diese Schienen werden in den örtlichen Potentialausgleich eingebunden.

Schutz kleiner Computeranlagen

Die Elektroinstallation macht's

Beim Blitz- und Überspannungsschutz müssen Computersysteme besonders betrachtet werden: „Heute steht fest, dass die häufigsten Computerschäden auf eine unfachgerechte Elektroinstallation zurückzuführen sind. Es ist also nicht damit getan, blindlings ein paar Überspannungsschutz-Geräte einzubauen. Erst durch eine zeitgerechte Elektroinstallation wird die Betriebssicherheit von sensiblen elektronischen Anlagen und Geräten wesentlich erhöht." [2]
Die Schadensanalysen von mehreren Sachverständigen haben nämlich ergeben, dass Elektroinstallationen, welche nicht den Anforderungen der elektromagnetischen Verträglichkeit (EMV) entsprechen, die größte Schadensgruppe dar-

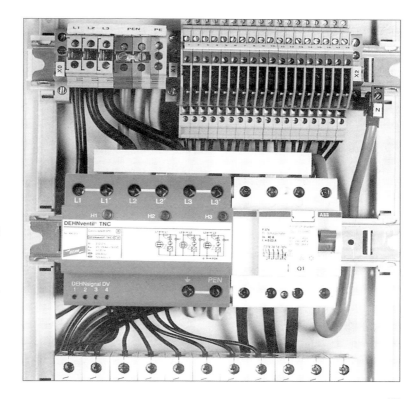

Links unten sieht man eine Reihe von Überspannungsschutz-Geräten auf einer Hutschiene im Verteilerkasten eines TNC-Systems (Quelle: Dehn + Söhne).

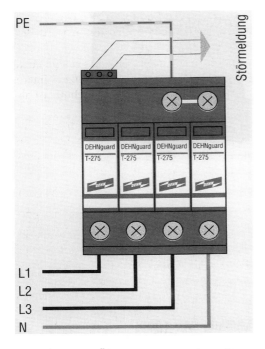

Anschluss von Überspannungsschutz-Geräten in einem TNS-System (Quelle: Dehn + Söhne).

Einfach nachrüstbares Überspannungsschutz-Gerät von Phoenix zur Montage auf einer Hutschiene.

stellen. Erst dann folgen die Schadensursachen Überspannungs-Einkopplungen und Spannungsspitzen aus dem Stromnetz.

Das EMV-Gesetz harmonisiert elektrische Einrichtungen und ihre elektromagnetische Umgebung. Es soll in erster Linie eine Beeinflussung empfindlicher Geräte und Anlagen, zu denen Computer zählen, durch andere Anlagen und Geräte, wie Motoren und Transformatoren, verhindern.

Was ist ein TN-S-System?

Wird das Niederspannungsnetz (230-V-Stromnetz) konsequent als TN-S-System aufgebaut, dann ist eine Computeranlage von dieser Installationsseite her am besten geschützt.

Was aber bedeutet TN-S? Nun, seit einiger Zeit gibt es ein international harmonisiertes Schema zur symbolhaften Bezeichnung elektrischer Systeme nach Art der Erdverbindung. Dieses Schema wurde von Deutschland komplett übernommen.

Das T an erster Stelle bedeutet „direkte Erdung eines Netzpunkts" und wurde von dem französischen terre (Erde) abgeleitet.

Das N an zweiter Stelle bedeutet „Verbindung der Körper der elektrischen Betriebsmittel mit dem geerdeten Netzpunkt" und wurde vom französischen neutre (neutral) entlehnt.

Ein solches TN-System wird noch näher durch die Buchstaben C und/oder S gekennzeichnet. Das S steht für das französische separe (separat, getrennt). Bei einem TN-S-System verläuft der Schutzleiter völlig getrennt von anderen Leitern. Dies ist Voraussetzung für die moderne stromlose Nullung, die einfachste und sicherste Maßnahme zum Schutz gegen elektrischen Schlag.

Bei der Wahl und Führung der Leitungen hat der Installateur einige Möglichkeiten. Er sollte stets bedenken, dass für die größte Schutzwirkung gegen den Blitz nur verseilte Leitung vom Typ NYM eingesetzt werden müssen. Die Leitungen sollten möglichst im Gebäude und fern von Öffnungen, wie Fenstern und Türen, verlaufen.

Das kann der User tun

Neben einer geeigneten Elektroinstallation können folgende Empfehlungen für eine hohe Betriebssicherheit kleiner PC-Systeme gegeben werden:

– alle Geräte an einer Netzleiste anschließen, bei Gewitter deren Stecker ziehen
– Erdungsanlage überprüfen und, wenn möglich, verbessern
– drahtlose Datenübertragung bevorzugen (W-LAN, Bluetooth)

– für professionelle PC-Arbeitsplätze unterbrechungsfreie Stromversorgung in Betracht ziehen

Wer sich einen neuen Computer zulegt, kann davon ausgehen, dass dessen Netzteil intern besser gegen Überspannung geschützt ist als das des alten.

Viele Computer sind für den Internetzugang an eine Telefondose geschaltet. Auch diese sollte mit einem internen Überspannungsschutz ausgestattet sein.

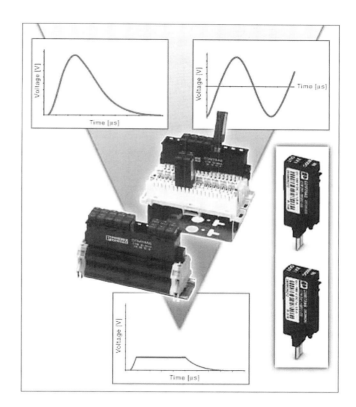

Geräte aus der Phoenix-Produktfamilie Comtrab begrenzen auch dauerhafte Überspannungen auf Netz-, Telekommunikations- oder Datenleitungen.

Schutz von
CB- und Amateur-Funkanlagen

Besonderheiten

Beim Blitz- bzw. Überspannungsschutz von Funkanlagen spielen einige Faktoren zusammen, welche die Problematik verschärfen. So werden die Antennen oft besonders exponiert oder an extra dafür errichteten Masten montiert. Somit bieten sie sich gewissermaßen besonders für den Blitzeinschlag an. Ein extra errichteter Mast kann sogar einen Blitzeinschlag direkt provozieren. Schließlich stellt er eine wesentliche Änderung der Bebauung dar. Hinzu kommt die Tatsache, dass mit Funkstationen Leitungen

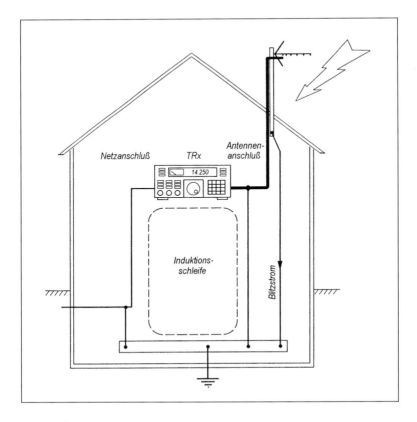

Typische Induktionsschleifenbildung und vereinfachter Blitzstromverlauf in einem Gebäude mit Funkstation (Quelle: CQ DL).

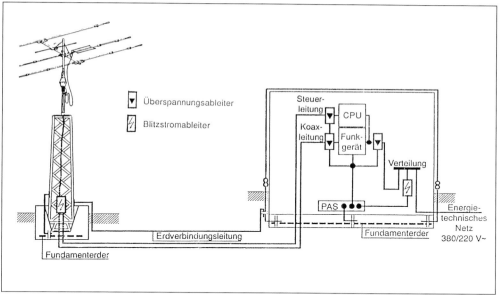

Blitzschutz einer Sende-/Empfangsanlage mit einer drehbaren Antennenanlage auf einem Mast (Quelle: Dehn + Söhne).

und Verkabelungen verbunden sind. Dadurch kann sich leicht eine so genannte Induktionsschleife bilden. Dann vermag eventuell auch eine vorschriftsmäßige Erdung der Antennenanlage gefährliche Überspannungen nicht zu verhindern. Da der Blitzstrom sehr schnell seinen enormen Maximalwert erreicht, entsteht ein äußerst kräftiger magnetischer Impuls, der in Leiterschleifen leicht Überspannungen induzieren kann. Ein netzbetriebenes Funkgerät mit Außenantenne liegt z. B. praktisch in einer relativ großen Induktionsschleife.

Während in die Antennenleitung reiner Empfangsanlagen ein einfaches Blitzschutzfilter geschaltet werden kann, ist dies bei Empfangs- und Sendeanlagen nicht möglich. Man muss ja die Spannung beachten, welche beim Senden auf der Leitung steht. So bedeutet eine Leistung von 100 W, wie sie für Amateurfunk-Stationstransceiver üblich ist, rund 70 V effektiv bzw. 100 V Spitzenspannung im angepassten 50-Ohm-Antennensystem. Die Spitzenspannung ist für den

Überspannungsschutz ausschlaggebend. In der Betriebsart SSB schwankt die Leistung je nach Besprechung und kann kurzzeitig auch deutlich über dem nominellen Wert von beispielsweise 100 W liegen. Ein einfaches Blitzschutzfilter in der Antennenleitung einer solchen Station wäre kurz nach Aufnahme des Sendebetriebs zerstört.

Ein weiterer Punkt ist der Wert einer Funkanlage. Funkamateure stecken oft viel Geld und Arbeit in ihre Station. Hinzu kommt der ideelle Wert. Manche Geräte sind kaum wiederbeschaffbar, Selbstbaugeräte sind Unikate und besitzen zudem meist keinen internen Überspannungsschutz wie moderne kommerzielle Geräte.

Diese Situation verlangt nach einem besonders wirksamen Schutz, den die zuvor genannten typischen Faktoren

– exponierte Antennen,

– Induktionsschleife(n) und

– 100 V Sender-Spitzenspannung

jedoch behindern.

61

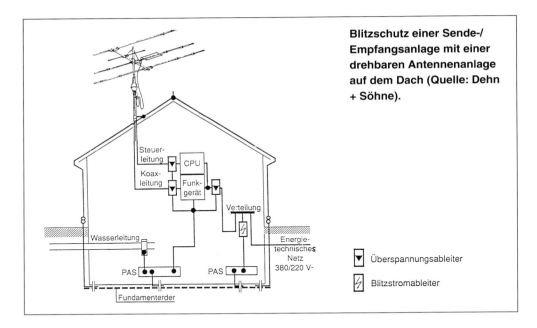

Blitzschutz einer Sende-/ Empfangsanlage mit einer drehbaren Antennenanlage auf dem Dach (Quelle: Dehn + Söhne).

▼ Überspannungsableiter

⚡ Blitzstromableiter

Überspannungsschutz-Gerät LPB mit zwei BNC-Buchsen, erhältlich bei UKW-Berichte.

Die Rückseite mit dem Erdungsanschluss.

Koaxialer Überspannungsschutz vom Typ LP 1103 mit zwei UHF-Buchsen für 145 V/5 kA, erhältlich bei UKW-Berichte.

Koaxialer Überspannungsschutz vom Typ LP 1101 mit UHF-Buchse und -Stecker für 90 V/5 kA.

Einfach und genial

Die konventionelle und einfachste Lösung des „Freischaltens" der gesamten Funkanlage ist darum oft die beste. Sie wirkt unmodern und verstaubt, bietet aber den sichersten und billigsten Schutz zugleich.

Auf Schalter sollte man dabei möglichst verzichten, denn diese können vom Blitz durchaus „übersprungen" werden. Man betreibt die Geräte an einer Steckdosenleiste und zieht stets beim Verlassen der Station deren Stecker sowie alle Antennenstecker. Gibt es noch eine Rotorsteuerleitung, dann sollte unbedingt auch diese abgeklemmt werden.

Bei Clubstationen kann das von unerfahrenen oder seltenen Nutzern durchaus mal vergessen werden. Eine eingehende Belehrung und ein großes Hinweisschild an der Tür wirken dem entgegen.

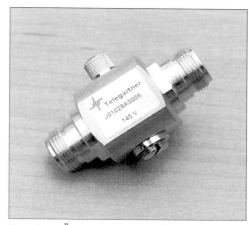

Koaxialer Überspannungsschutz mit zwei N-Buchsen für 145 V, erhältlich bei UKW-Berichte.

Vertreter einer Serie koaxialer Überspannungsableiter (Blitzschutz-Zwischenstecker) mit 7/16-Connectoren (Bild) sowie N-, UHF- und BNC-Anschlüssen. Die Überspannungsableiter sind für Leistungen von 40 W bis über 2 kW lieferbar und können bis etwa 2 GHz eingesetzt werden.

Auch das gibt's bei UKW-Berichte: koaxialer Überspannungsschutz mit N-Buchse lang und kurz. ▶

Die Rückseite mit dem Erdungsanschluss.

Der koaxiale Überspannungsableiter Diamond CA-23RS für 200 W mit N-Buchsen ist von WiMo erhältlich.

Der koaxiale Ableiter PRC-5800 mit N-Buchse und N-Stecker ist bis 5,8 GHz einsatzfähig.

Überspannungsschutz-Geräte in Funkanlagen

Neben der allgemein anwendbaren Netzleiste mit internem Überspannungsschutz bzw. entsprechenden Zwischensteckern gibt es für die Funktechnik spezielle Schutzgeräte.

Zum einen sind das **koaxiale Überspannungsableiter** (in der Regel für 50-Ohm-Systeme). Sie wirken äußerlich ähnlich wie ein Blitzschutzfilter für die Empfangstechnik, beinhalten aber keinen Varistor, sondern arbeiten nach dem Prinzip der Gasentladung. Das

ist deshalb optimal, weil die Senderspannung verkraftet werden muss. Einen weiteren Unterschied stellt ein Erdungsanschluss dar.

Diese Baugruppen werden direkt an den Eingang des Funkgeräts geschraubt oder dort, wo das Koaxialkabel ins Gebäude eintritt, in die Antennenleitung eingefügt. Es gibt sie in großer Auswahl bei beispielsweise bei UKW-Berichte und WiMo. Die Vielfalt ist wegen der unterschiedlichen Sendeleistungen und Anschlüsse so groß. Es ist davon auszugehen, dass ein 100-W-Ableiter an einem 100-W-Sender keine Probleme bereitet, obwohl nominell keine „Sicherheitszone" besteht. Je höher die Sendeleistung, umso geringer ist natürlich die Schutzwirkung.

Illusionen, wie sie die Darstellung der Verkäufer begünstigen könnte, sollte man sich keine machen: „Koax-Überspannungsschutz-Geräte eigenen sich eventuell für den Schutz der Antennekabel. Für einen zuverlässigen Schutz der Funkgeräte reicht der Schutzpegel von Koax-Überspannungsschutz-Geräten meist nicht aus. Zum Glück muss ein Funkamateur nicht ständig empfangsbereit sein. Aus diesem Grund gilt heute noch genauso wie früher: Antennenstecker abschrauben, bevor das Gewitter aufzieht." [2]

Eine Ausnahme machen hier allerdings Relaisfunkstellen, bei denen der Einsatz zwei solcher Ableiter (einer mit minimaler Ansprechspannung im Empfangs- und einer entsprechend der HF-Leistung im Sendeteil) aus verschiedenen Gründen wirklich zweckmäßig erscheint. Diese Gründe sind:

– ständige Empfangs-/Sendebereitschaft
– besonders exponierter Standort
– oft nicht schnell und einfach
  zugänglich
– sehr hoher Nutzerkreis

Allerdings ist in der Funktechnik das Antennenkabel nicht immer das einzigste Kabel, das zur Antenne führt. Vielfach begleiten es noch Steuerkabel, wie sie für Rotoren, aber zuweilen auch für Magnetantennen erforderlich sind. Zu deren Schutz kann man einen **Überspannungsableiter für Steuerkabel** vorsehen. Diese Schutzeinrichtung in Varianten für acht oder zwölf Steuerleitungen kann man z. B. bei UKW-Berichte erwerben.

Diese Produkte werden in der Regel zu beachtlichen Preisen angeboten.

CB und QRP

Die CB-Funker arbeiten, von illegalen „Nachbrennern" abgesehen, mit 4 W Sendeleistung.

LPS 8, das Schutzgeräte für Steuerleitungen in Antennenanlagen, schützt bis zu acht Leitungen. Auch eine Varianten für 16 Leitungen gibt es bei UKW-Berichte.

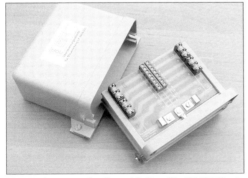

Man erkennt acht Gasableiter für 90 V Zündspannung.

Das bedeutet 20 V Spitzenspannung in einem 50-Ohm-System. Nicht viel anders sieht es bei Funkamateuren aus, die sich auf den Betrieb mit kleiner Leistung (QRP, reduced power) eingeschworen haben. Hier sind 10 W Versorgungsleistung der Endstufe oder 5 W HF-Ausgangsleistung die Obergrenzen. Das bedeutet nicht viel mehr als 20 V Spitze auf der Antennenleitung.

In diesen Fällen kann man sein Glück mit einem Blitzschutzfilter versuchen. Es wird zwar in der Regel für 75 Ohm ausgelegt sein und somit eine oft hinnehmbare Fehlanpassung bewirken, ist aber im Vergleich zu einem „richtigen" Überspannungsableiter spottbillig und spricht bei deutlich geringerer Spannung an.

„Für CB-Funkgeräte ist wegen der geringen Sendeleistung (4 W) der Einsatz eines 90-V-Gasableiters möglich. Zu beachten ist, dass der 90-V-Gasableiter Überspannungen auf etwa 500 V begrenzt. Ein Schutzpegel von 500 V reicht aber meistens nicht aus, um den Empfänger im CB-Funkgerät wirkungsvoll zu schützen." [2]

Einsatztipps für koaxiale Schutzbausteine

Typische Anwendungen dieser Baugruppen sind Mobilfunk, GSM, Fernseh- und Radiosender, Richtfunk, Betriebsfunk, Tetra, Breitbandkabel, Video-Überwachungsanlagen und Uplink-Stationen.

Die Funktion der koaxialen Schutzbausteine hängt sehr stark von der richtigen Installation, insbesondere aber von der Verbindung zum Erdpotential ab. Wie erfolgt diese richtig? Um die Restspannung nach einem Blitzeinschlag so gering wie möglich zu halten, muss die Verbindung zur Blitzschutzanlage so kurz wie möglich sein, möglichst kürzer als 50 cm. Dieses Verbindungskabel sollte den größtmöglichen Querschnitt haben, mindestens aber 4 mm².

Schutzbausteine für Wand- und Einlochmontage erfüllen diese Bedingung auf Grund ihrer Bauform. Der beste Installationsort für diese Bausteine liegt im Eingang bzw. Ausgang, um das Eindringen der zerstörerischen Energie zu verhindern, sowie in der Nähe von allen aktiven elektronischen Komponenten.

Ein gut durchdachtes und umfassendes Schutzkonzept ist notwendig, um ein wirksames Schutzniveau zu erreichen.

Ein Erfahrungsbericht

Die obigen Darstellungen werden durch folgenden Bericht von DL9MBO aus dem Pakket-Radio-Netz unterstrichen:

„Auch die beste Antennenerdung dient nur dazu, möglichst viel von der schädlichen Blitzenergie abzuleiten, um die Schäden am Gebäude und an Personen zu minimieren. Aber auf Grund der extrem hohen Ströme wird bei einem Blitzschlag selbst in mehreren hundert Metern Entfernung in metallischen Leitern eine nicht unbeträchtliche Spannung induziert. (Wann schlägt schon mal der Blitz direkt ein ...) Für diese Fälle ist der einfachste Schutz, alle Kabel der hochwertigen Funkanlage abzuklemmen. Da man aber nicht immer zu Hause ist und im Sommer auch nicht täglich mehrmals die ganze Funkbude neu verkabeln will, gibt es auch noch Möglichkeiten, die zumindest einen gewissen Schutz bieten:

– Überspannungsableiter im Antennenkabel – die Kapsel sollte möglichst so dimensioniert sein, dass sie gerade mal die HF-Leistung aushält, aber möglichst früh (niedrige Spannung) zündet.
– Überspannungsableiter im Netz, möglichst nahe am Netzteil oder am TRX
– Suppressordioden in der 12-V-Zuleitung (ca. 18 V, schützen auch vor Netzteil-GAU)

Diese Dinge werden im Fachhandel angeboten, sind nicht gerade billig und bieten einen gewissen Schutz vor Überspannung, aber keinen hundertprozentigen, da die Wege des Stromflusses bei einem Blitzschlag mitunter recht seltsam sind. Diese Maßnahmen haben im Sommer größere Schäden bei mir

verhindert. Der Einschlag erfolgte etwa 80 m entfernt in einen sehr hohen Baum. Meine Nebenstellenanlage war im Eimer, ein Telefon nur noch Müll, beim direkten Nachbarn war der Anrufbeantworter hinüber, ein Haus weiter einige elektrische Geräte, und in dem Haus direkt neben dem Baum war einige Tage der Elektriker und Radiofritze beschäftigt. Meine Funkanlage blieb, obwohl alles angesteckt war, vollkommen ohne Schäden (Gott sei Dank), was ich auf die beschriebenen Maßnahmen zurückführe, die ich zusätzlich zu den vorgeschriebenen Erdungsmaßnahmen eingebaut habe."

HF-Erdung und Blitzschutzerdung

... sind zwei verschiedene Einrichtungen mit grundverschiedenen Aufgaben. Die HF-Erdung soll einen möglichst niedrigen Erdungswiderstand bei hohen Frequenzen sichern, während die Blitzschutzerdung einen extrem hohen Stromimpuls in die Erde leiten soll. Daher ergeben sich auch recht verschiedene Richtlinien für die Herstellung dieser Erder.

„Ein Blitzschutzerder ist nicht immer ein guter Erder für die HF. Zum Beispiel sind Tiefenerder als HF-Erder höchst ungeeignet, weil für eine gute Hochfrequenzerdung nur der Bodenbereich bis zu einem Meter Tiefe wichtig ist. Oberflächenerder, die als Ring- und/oder Strahlerder ausgeführt sind und ca. einen halben Meter tief im Erdreich liegen, ermöglichen wesentlich bessere Empfangsergebnisse." [2]

Der HF-Erder und der Blitzschutzerder des Gebäudes sollten möglichst direkt verbunden werden.

Mehrstufiger Schutz

Wie gezeigt, sind Überspannungs-Ableiter mit gasgefüllten Patronen für heutige Elektronikgeräte höchstens ein Grobschutz. Man verwende daher vorrangig zwei- oder dreistufig in einem Gehäuse zusammengefasste Ableiter.

Solche mehrstufigen Ableiter für verschiedene Leistungen und Frequenzbereiche gibt es auch für „Hühnerleitern" und Eindrahtantennen sowie für Beverage-Empfangsantennen. Gefertigt werden sie beispielsweise von der US-Firma Industrial Communication Engineers Ltd. (ICE), P. O. Box 18495, Indianapolis, Indiana 46218-0495, USA, Internet: www.arraysolutions.com und www.iceradioproducts.com.

Die Typen 308(H) und 309(H), erste für einfache Drähte (open wires), zweite für Paralleldrahtleitungen, arbeiten nach einem patentierten Schutzverfahren mit Kondensator-Blocking und Spulen-Neutralisation. Die Spulen nutzen Doppellochkerne. Ein Gasableiter und ein Widerstand kommen pro Seite hinzu. Eine gute Erdung ist auch hier Voraussetzung für die einwandfreie Funktion, links und rechts sind entsprechende Anschlüsse vorhanden.

Zündkerzen, wie einst von der Firma Annecke verwendet, eignen sich nicht besonders gut, und Doppelmesserschalter zum Erden einer Zweidrahtleitung sind selbst in USA sehr schwer zu bekommen.

Das Innenleben des Überspannungsableiters 309 von ICE. Man erkennt gut die symmetrische Anordnung der verschiedenen Komponenten.

Anhang

Inhalt der VDE 0185 Teil 1

Inhalt der VDE 0185 Teil 2

Risiko-Management: Abschätzung des Schadensrisikos für bauliche Anlagen

Inhalt der VDE 0185 Teil 3

Schutz von baulichen Anlagen und Personen

Hauptabschnitt 1: Schutzmaßnahmen

Inhalt der VDE 0185 Teil 4

Wesentlicher Inhalt der VDE 0185 Teil 201

Blitzschutzbauteile, Anforderungen für Verbindungsbauteile
– Anforderungen an die verbindenden Bauteile des Gebäudeblitzschutzes
– Einteilung in Klasse H für hohe und N für normale Belastung
– Grundanordnung und typische Anordnung für verschiedene Verbindungsbauteile, wie Kreuz- und Parallelverbinder
– Entwurf Anlage 1 (A1) zeigt z. B. Grundanordnung für Potentialausgleichsschiene

Wesentlicher Inhalt der VDE 0185 Teil 202

Blitzschutzbauteile, Anforderungen an Leitungen und Erder
– Definition wichtiger Begriffe
– Festlegung von Mindestquerschnitten für Fangleiter, -stangen und Ableitungen
– Nennung mechanischer und elektrischer Eigenschaften von Fangleitern, stangen und Ablei- tungen sowie Erdern
– Mindestmaße von Erdern
– Prüfvorschriften

Wesentlicher Inhalt der VDE 0185 Teil 203
Blitzschutzbauteile, Anforderungen an Trennfunkenstrecken
– Begriffsdefinitionen
– mechanische und elektrische Anforderungen an Trennfunkenstrecken

Wesentlicher Inhalt der VDE 0855 Teil 1

Kabelnetze für Fernsehsignale, Tonsignale und interaktive Dienste
– Anwendungsbereich: BK-, EA-, GA- und GGA-Anlagen sowie dort installierte Geräte einschließlich beweglicher Anlagen
   (BK Breitband-Kabel, EA Einzelantennen, GA Gemeinschafsantennen, GGA Gemeinden- Gemeinschaftsantennen)
– Schutz gegen Berührung und Annäherung elektrischer Starkstrom-Verteilsysteme
– Potentialausgleich und Erdung
– mechanische Festigkeit von Außenantennen-Anlagen
– wichtige Definition und Abkürzungen

Wesentlicher Inhalt der VDE 0855 Teil 300

Funksende-/-empfangssysteme für Senderausgangsleistungen bis 1 kW
– Anwendungsbereich: stationäre, aber auch bewegliche Anlagen und Geräte vorwiegend für das kombinierte Senden und Empfangen
– Schutz gegen Umgebungseinflüsse
– Potentialausgleich und Erdung

– Schutz gegen Berührung leitfähiger Antennenteile
– Schutz gegen elektromagnetische Strahlung
– Schutz gegen Überspannung
– mechanische Festigkeit

Hierarchie der Normungsgremien

• internationale Ebene: IEC
Die weit über 100 Mitgliedsländer sind verpflichtet, die IEC-Standards ohne sachliche Änderung in nationale Normen zu überführen. Die EU zählt als ein Mitgliedsland.

• europäische Ebene: EN
Die europäischen Normen werden vom **CENELEC**, dem Comite Europeen de Normalisation Electrotechnic, erstellt und herausgegeben. Sie müssen von den Mitgliedsländern unverändert veröffentlicht werden, wobei Kommentare und Anhänge zulässig sind.

• Deutschland: DIN VDE
Die Normen werden hierin von der DKE erstellt und herausgegeben.

Adressen

Beuth-Verlag GmbH
Burggrafenstraße 4-7
10787 Berlin

Hier erhält man DIN- und EN-Normblätter.

Hugo Brennenstuhl GmbH & Co. KG
Seestraße 1-3
72074 Tübingen-Pfrondorf
Tel.: 0 70 71/8 80 10
Fax: 0 70 71/8 76 47
E-Mail: info@brennenstuhl.de

Die Firma Brennenstuhl ist durch eine Reihe hochwertiger Überspannungsschutz-Produkte bekannt, wie beispielsweise Netzleisten.

Citel Electronics
Heinrichstraße 169a
40239 Düsseldorf
Tel.: 02 11/96 13 70
Fax: 02 11/63 11 91
E-Mail: info@citel.de
Internet: www.citel.de

Citel wurde 1937 gegründet, verfügt über internationale Niederlassungen und bietet u. a. Überspannungsschutz-Produkte an.

Conrad Electronic
Klaus-Conrad-Straße 1
92240 Hirschau
Tel.: 01 80/5 31 21 11
Fax: 01 80/5 31 21 10
Internet: www.conrad.com

Beim größten Elektronikspezialversand Europas finden sich auch Überspannungsschutz-Geräte für den Wohnbereich, wie eine breite Palette von Netzleisten.

Dehn + Söhne
Hans-Dehn-Straße 1
Postfach 1640
92306 Neumarkt
Tel.: 0 91 81/90 06
Fax: 0 91 81/90 63 33
E-Mail: info@dehn.de
Internet: www.dehn.de

Das traditionsreiche weltweit tätige Unternehmen mit 600 Mitarbeitern ist u. a. in den Produktbereichen Blitzschutz und Überspannungsschutz führend.

DKE
Deutsche Kommission Elektrotechnik Elektronik Informationstechnik
Stresemannstraße 15
60596 Frankfurt/Main
Internet: www.dke.de

In der DKE im DIN und VDE wird ein umfangreiches Normenwerk erarbeitet, aktualisiert und harmonisiert.

Fachverband Empfangsantennen im ZVEI
Stresemannallee 13
60596 Frankfurt/Main

Der Fachverband im Zentralverband für Elektrotechnik und Elektronikindustrie erarbeitet und publiziert technische Richtlinien.

Hofi HF-Technik
Wittenbacher Straße 12
91614 Mönchsroth
Tel.: 0 98 53/10 03
Fax: 0 98 53/10 05
E-Mail: info@hofi.de
Internet: www.hofi.de

Hofi ist ein kleiner Spezialhersteller von koaxialen Überspannungsschutz-Geräten für die Funktechnik.

Isotronic Mezger
Industriestraße 72
72160 Horb am Neckar
Tel.: 0 74 51/5 54 50
Fax: 0 74 51/55 45 17
Internet: www.isotronic-kg.de

Die 1979 in einer Garage gegründete Firma besitzt Vertriebsagenturen im gesamten Bundesgebiet und produziert z. B. den Überspannungsschutz „Deltron".

Kopp AG
Alzenauer Straße 66-70
63796 Kahl/Main
Tel.: 0 61 88/4 00
Fax: 0 61 88/86 69
Internet: www.kopp-ag.de

Das 1927 gegründete Unternehmen beschäftigt über 1.000 Mitarbeiter in sechs Werken im In- und Ausland und stellt u. a. Überspannungsschutz-Filter her.

Leutron Blitzschutzsysteme
Humboldtstraße 30
70771 Leinfelden-Echterdingen
Tel: 07 11/94 77 10
Fax: 07 11/9 47 71 70
Internet: www.leutron.de

Leutron stellt Blitzschutzprodukte und Überspannungsschutz-Geräte her und präsentiert diese auch sehr ausführlich im Internet zusammen u. a. mit einem Fachlexikon.

Phoenix Contact
Flachsmarktstraße 8
32825 Blomberg
Tel.: 0 52 32/3 00
Fax: 0 52 35/34 12 00
E-Mail: info@phoenixcontact.com
Internet: www.phoenixcontact.com

Das 1923 gegründete Unternehmen mit Stammsitz in Blomberg besteht aus über 30 weltweit agierenden Vertriebsgesellschaften. Blitz- und Überspannungsschutz gehören zu den Hauptproduktlinien.

Pollin Electronic
Postfach 28
85102 Pförring
Tel.: 0 84 03/92 09 20
Fax: 0 84 04/92 01 23
Homepage: www.polin.de

Der Versender bietet eine breite Palette von Geräten, Baugruppen und Einzelteilen der Elektronik zu Schnäppchenpreisen.

Popp GmbH
Postfach 1180
95456 Bad Berneck
Tel.: 0 92 73/7 30
Fax: 0 92 73/7 31 30
E-Mail: info@popp-elektro.de
Internet: www.popp-elektro.de

Das 1930 gegründete oberfränkische Unternehmen ist ein führender Anbieter von Produkten für die Elektroinstallation.

J. Pröpster
Regensburger Straße 116
92318 Neumarkt
Tel.: 0 91 81/2 59 00
Fax: 0 91 81/25 90 10
E-Mail: info@proepster.de
Internet: www.proepster.de

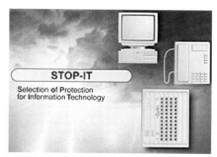

Label der umfassenden Schnittstellen-Auswahlhilfe für Überspannungsschutz-Geräte von Phoenix.

Der Gründer der Fabrik für Blitzschutz- und Erdungsmaterial verfügt über mehr als 30 Jahre Erfahrung in Konstruktion und Fertigung und wird von seinem Sohn unterstützt.

Label der Gütergemeinschaft RAL

RAL

Gütegemeinschaft für Blitzschutzanlagen e. V
Brückstraße 1b
52080 Aachen
Tel.: 02 41/95 59 97 30
Fax: 02 41/95 59 97 31
E-Mail: ral@blitzschutz.com
Internet: www.blitzschutz.com/ral/

Die Gemeinschaft hat zahlreiche Mitglieder und beschäftigt sich in erster Linie mit Ausführungsbestimmungen. Sie hat ein Pflichtenheft „Äußerer Blitzschutz" erstellt und vergibt das RAL-Gütezeichen.

Reichelt-Elektronik

Elektronikring 1
26452 Sande
Tel.: 0 44 22/95 53 33
Fax: 0 44 22/95 51 11
Internet: www.reichelt.de

Die Versandfirma hält auch Überspannungs-Schutzprodukte, wie Netzleisten oder Zwischenstecker, bereit.

UKW-Berichte

Fachversand für Funkzubehör
Eberhard L. Smolka
Jahnstraße 7
91083 Baiersdorf
Tel.: 0 91 33/7 79 80
Fax: 0 91 33/77 98 33
E-Mail: ukwberichte@aol.com
Internet: www.ukw-berichte.de

Der Fachversand bietet eine breite Palette hochwertiger Produkte aus dem Bereich drahtlose Kommunikation an.

VDB e. V.

Verband deutscher Blitzschutzfirmen e. V.
Gereonswall 103
50670 Köln
Tel.: 02 21/12 28 69
Fax: 02 21/13 86 39
E-Mail: vdb@blitzschutz.com
Internet: www.vdb.blitzschutz.com

Der Verband vereinigt zahlreiche Mitgliedsfirmen und Spezialisten, organisiert Weiterbildungsveranstaltungen und vermittelt Sachverständige/Sachkundige.

Label des VDB

VDE-Verlag

Postfach 120 143
10591 Berlin

Der VDE publiziert die im VDE geschaffenen Normen und Richtlinien sowie ergänzende Literatur, wie beispielsweise die VDE-Schriftenreihe.

Westfalia Technica

Industriestraße 1
58083 Hagen
Tel.: 01 80/5 30 31 32
Fax: 01 80/5 30 31 30
Internet: www.westfalia.de

Der traditionsreiche Fachversand bietet auch Bauteile für Potentialausgleich und Erdung sowie Netzleisten mit Überspannungsschutz.

WiMo
Am Gäxwald 14
76863 Herxheim
Tel.: 0 72 76/9 66 80
Fax: 0 72 76/69 78
E-Mail: info@wimo.com
Internet: www.wimo.com

WiMo ist ein bewährter Anbieter von Antennen und vielen Produkten der Antennentechnik.

spektakuläre Darstellungen aus den Bereichen Blitz- und Überspannungsschutz werden geboten. Der Link „Infos" beispiels-weise führt zu einem Fundus an Wissen.

Eine extra für Kinder gemachte Seite ist **www.blitzforkids.de.** Hier gibt es viele kinderleicht verständliche Erklärungen rund um das Thema Blitz und Donner.

Weiterhin zu empfehlen: **www.meteoros.de.** Hier gibt es über 500 Bilder zum Thema Blitz und Himmelserscheinungen und eine schöne Einführung in das Phänomen der Blitze.

www.blitzschutz.de
Unter dieser Adresse findet man im Internet eine Fülle von Informationen über den Blitzschutz. Die Adressen von Herstellern, Errichtungsfirmen und Sachverständigen sowie andere Top-Adressen werden genannt. Aber auch allgemeine und

Die Home Page unter www.blitzschutz.de.

Literatur

[1] Rolf Müller: Elektrotechnik, Lexikon für die Praxis, Verlag Technik Berlin 2002

[2] Hans-Joachim Geist: Blitzschutz, Realisierbarkeit und Grenzen, Elektor-Verlag Aachen 2002

[3] Zeitschrift „Heimkino" 5/2002

[4] Kathrein, Satelliten-Empfangsanlagen und Empfangsantennen, Katalog 2004

[5] Dehn + Söhne, Blitzschutz, Hauptkatalog 2003, 2. Auflage

[6] Dehn + Söhne, Überspannungsschutz, Hauptkatalog 2002

[7] Franz Pigler: Blitzschutz elektronischer Anlagen, Grundlagen und praktische Lösungen, Franzis-Verlag Poing 1998

Stichwortverzeichnis